作家榜®经典名著

读经典名著，认准作家榜

孙子兵法

[春秋] 孙武 著

马萧萧 译注

浙江文艺出版社

导读

公元前512年,经吴国重臣伍子胥大力举荐,孙子向吴王阖闾进呈所著兵法十三篇,得到吴王的高度赞赏,被重用为将。从此,孙子登上了历史舞台。

这一年,孙子大约三十三岁。

孙子(约公元前545年—约公元前470年),名武,字长卿,是春秋末期齐国乐安(今山东省北部)人。他的曾祖父和祖父都是善于带兵作战的将领,父亲也在齐国高居卿位。生长于战乱年代,孙武从小就对战争耳濡目染,深受崇武尚智的齐文化的熏陶。出身于军事世家,孙武也在潜移默化中从祖辈身上获得了对战争的感性认识,而且拥有阅读各种兵书的便利。这些,都为他日后撰写兵法著作提供了得天独厚的条件。

公元前517年,孙武离开齐国,长途跋涉来到吴国避乱,隐居在吴国国都姑苏(今苏州)附近的穹窿山,潜心研究兵法。历时五年,深思熟虑,博采众家之长,把前人的兵学理论成果,当作他跃上兵学峰巅的阶石,在竹简上一字一句写出了博大精深的兵法十三篇。

兵法十三篇完成之时,阖闾也在做着攻打楚国的准备,但还没觅到一位能征善战的将帅。伍子胥便将他心目中的旷世奇才孙武,一连七次向吴王做了推荐。阖闾此前对孙武闻所未闻,勉强同意接见孙武后,读到孙武的兵法十三篇,顿时赞叹不已。为了进一步考察孙武的实际能力,阖闾让孙武"小试勒兵",即让他用一百八十个宫女操练队列。操练中,孙武三令五申后,宫女们仍然不听号令,嬉笑不止,孙武就令人绑了两个担任队长的宠妃,虽然吴王求情,但孙武还是将她们两个斩首,之后宫女们无不令行禁止。吴王这才确信孙武是个真正善于治军作战的难得之才,于是任命他为将军——中国历史上第一位专职将军。

孙武担任将军后,吴国逐渐兵强马壮。司马迁在《史记·孙子吴起列传》中评价说:"西破强楚,入郢,北威齐、晋,显名诸侯,孙子与有力焉。"但对孙武用兵作战的具体事迹,各类史料中却鲜有记载。通过综合分析,从公元前512年到公元前506年之间,孙武亲自指挥过的战争大约有五次。其中，影响最大的是第五次，即公元前506年11月爆发的吴、楚二国最大规模的战争"柏举之战"。吴王采纳孙武等人的计谋，联合唐、蔡这两个怨恨楚国的小国共同对敌，充分利用通过蔡、唐攻楚的有利地理条件，从正面钳制，由北侧迂回，出奇制胜，以区区三万对二十万，五战五捷，攻克了楚国的都城郢。柏举之战，是中国古代军事史上以少胜多、快速取胜的成功战例。

至于孙武的后期生活，史书中也并无记载。一说他晚年退隐江湖，潜心修订兵法著作，于约公元前470年逝世，葬于姑苏郊外。

对于历史上是否真有孙武这个人，也曾有过长达千年之久的争论。

虽然大多数人根据司马迁的记载认为《孙子兵法》是孙武的作品，但因战国时期齐国的军事家孙膑也被尊称为"孙子"，而且《左传》中并未记载孙武之名，加上《孙子兵法》中又涉及战国时期的一些事物和名词，于是就有人认为孙武与孙膑有可能是同一个人，武是其名，而膑是其绰号；有人则认为《孙子兵法》最初由孙武撰写，最终由孙膑完稿；甚至还有人断言，《孙子兵法》就是孙膑所著。直到1972年4月，从位于山东临沂的银雀山一座汉武帝时期的古墓，同时出土了《孙子兵法》《孙膑兵法》两部残简，以及与二人相关的一些竹简，证明了司马迁《史记》中关于孙武和孙膑各有其人、两人都各有兵法传世的记载无误，持续千年的争论由此尘埃落定。

不过我们也要意识到，成书后的《孙子兵法》，肯定与《史记》中提到的、当初由孙子献给吴王的那十三篇兵法，有所不同。一是孙子在吴国有了大量军事实践后，会根据自己的亲身体会，对它进行一定幅度的修订；二是后人在口传笔录的过程中也难免有所增补、遗漏、抄错、修改。《孙子兵法》最迟在战国时期便已成书，这一点已毋庸置疑。也就是说，《孙子兵法》很可能是在战国时期由人根据孙子的理论整理而成。而曹操，是《孙子兵法》最早的注家之一。现存最早的刻本是南宋孝宗、光宗年间的《武经七书》本和南宋宁宗年间的《十一家注孙子》三卷本。本书对《孙子兵法》的译注，采用目前以宋本《十一家注孙子》为底本的通行版本。

风卷残云，大浪淘沙，随着时间的推移，《孙子兵法》被越来越多的兵家所推崇，被誉为"兵学圣典"，并被置于《武经七书》之首。在唐朝时便已传到日本，十八世纪传到了欧洲，现在世界各国大都有自己的译本，《孙子兵法》被广泛运用于政治、经济、军事、文化、哲学等领域，在中国乃至世界军事史、军事学术史和哲学思想史上都占据了重要地位。孙武的声名也随之越来越响,被誉为"兵家至圣""百世兵家之师""东方兵学的鼻祖"。

《孙子兵法》十三篇,从其篇名就可以大致看出每篇的主题。当然,在实际论述中,孙子还在大多数篇章里嵌进了其他方面的一些内容。

第一篇《始计篇》,亦称《计篇》,"计",在这里指战略谋划、战前预测。本篇主要论述的是能否进行战争的问题。孙子以"兵者,国之大事,死生之地,存亡之道,不可不察也"开篇,主张通过以"道"为首的"五事"——五个方面,来推断战争的可行性,并通过"七计",即从七个方面来比较敌我双方所具备的条件优劣,预判战争胜负的可能性。孙子还认为,制订作战计划后,就要加紧营造有利的军事态势,以便夺取战场的主动权,用兵过程中要熟练掌握"兵者,诡道也""攻其无备,出其不意"等要领。作为《孙子兵法》的首篇,《始计篇》可以视为孙子主要军事思想的概括。

第二篇《作战篇》,"作战",在这里是指战争的动员和准备。孙子认为,兴兵作战,劳师动众,"日费千金",战事旷日持久就会导致兵疲马乏,百姓贫穷,国家财政困难,且有诸侯国乘虚而入的危险。故应把握好"兵贵胜,不贵久"的分寸,采取在敌国就地解决粮草供给的"因粮于敌"策略,激励士卒夺取敌方物资和战车,同时优待俘虏,为我所用,从而做到"胜敌而益强"。

第三篇《谋攻篇》,曹操对篇题的解释是"欲攻敌,必先谋"。本篇主要论述了"上兵伐谋"的"全胜"思想。孙子认为用兵的最高境界是"不战而屈人之兵",此外还指出了国君粗暴干预军队所造成的三种危害。"知彼知己,百战不殆"这一流传千古的名句,就出自此篇。

第四篇《军形篇》,亦称《形篇》。"形",是指战斗力的强弱、战争的物质准备等,即军事实力。本篇主要论述的是如何利用军"形"创造有利条件,攻击敌人的薄弱环节,使自己立于不败之地。此篇的中心思想是"先为不可胜,以待敌之可胜"。

第五篇《兵势篇》,亦称《势篇》,"势",指的是兵力的配置、士气的勇怯等,即军事态势。本篇主要论述的是,在前一篇所言及的军事实力的基础上,如何正确使用各种力量,造成锐不可当的有利态势,来压倒敌方。"战势不过奇正",是此篇的主旨。

第六篇《虚实篇》,"虚实",是指军事实力的强弱优劣,本篇主要论述的是如何针对军事实力的状况,巧妙创造战机,灵活打击敌人。孙子认为,作战指挥中要力争取得战场的主动权,变敌之实为虚,变己之虚为实,从而"避实击虚""攻其必救","因敌而制胜"。重在通过"示形"欺骗敌人，达到调动敌人而不被敌人所调动的最佳状态。

第七篇《军争篇》，本篇主要论述的是如何争夺制胜的先机之利，即通过机动，先于敌人造成有利态势，取得制胜的条件。孙子认为，要达到这一目的，难在"以迂为直，以患为利"，即把迂回的道路变为直达的捷径，从而使不利条件转化为有利条件。"治气""治心""治力""治变"的"四治"说，出自此篇。

第八篇《九变篇》，主要论述的是如何在不同的作战环境下，权衡利弊，灵活变化战术。孙子认为，将帅指挥作战，既要做到因地制宜，合理部署，又要明白"涂有所不由，军有所不击，城有所不攻，地有所不争，君命有所不受"的道理，同时还要避免"五危"，克服自身性格上的缺点。

第九篇《行军篇》，主要论述的是如何在不同的地理条件下行军、宿营、作战，以及观察判断敌情、团结将士等问题。孙子阐明了"令之以文，齐之以武"的治军之道，主张对士卒要恩威并施，强调用法令来统一行动。

第十篇《地形篇》，主要论述了六种作战地形的相应战术要求。孙子指出，军队的"六败"，即导致战争失败的六种情形，并非"天之灾"，而是为将者的过错。将帅必须

"进不求名,退不避罪,唯人是保,而利合于主","视卒如婴儿","视卒如爱子"。

第十一篇《九地篇》,主要论述了九种作战环境的相应用兵原则。孙子提出了"兵之情主速,乘人之不及,由不虞之道,攻其所不戒"的突袭战思想,揭示了"投之亡地然后存,陷之死地然后生"的心理规律。

第十二篇《火攻篇》,讲了以火助攻的五种使用方法。或许是因为"兵犹火也,不戢自焚"(《左传》),而且火攻在冷兵器时代已属于战略打击,孙子紧接着又强调了"主不可以怒而兴师,将不可以愠而致战;合于利而动,不合于利而止"的慎战思想。

第十三篇《用间篇》,讲的是五种间谍的使用方法。孙子一再主张"知彼知己",且将"知彼"置于"知己"之前,直到压轴之篇,才让读者明白,原来使用间谍,恰是"知彼"的一个最重要途径。

《孙子兵法》总计只有约六千字,但却字字珠玑。它舍事而言理,词约而意丰,注重用哲学的深邃眼光来打量战争,揭示了战争的基本规律和基本原则,是世界上最早的战略学著作和军事哲学著作,堪称中国古代军事思想成熟的标志。虽然它在认识论、方法论、历史观等方面,还难免有些局限,比如过于夸大将帅的作用,提倡愚兵政策等,但是瑕不掩瑜。

李世民有言:"观诸兵书,无出孙武。"孙中山曾说:"就中国历史来考究,两千多年的兵书,有十三篇,那十三篇兵书,便成立中国的军事哲学。"毛泽东称赞说:"孙子的规律,'知彼知己,百战不殆',仍是科学的真理。"

英国空军元帅斯莱瑟,不由感慨:"孙武的思想有惊人之处——把一些词句稍加变换,他的箴言就像是昨天刚写出来的。"美军总指挥弗兰克斯上将,忍不住坦言:"孙武,这位中国古代军事思想家的幽灵似乎徘徊在伊拉克沙漠上向前推进的每架战争机器的旁边。"美国前总统尼克松,在其著作《1999不战而胜》中也一再引用了孙子语录。

如果要用一个字来评价《孙子兵法》的军事思想,那就是:智。

智在其"令民与上同意"的政治之道,"智、信、仁、勇、严"的为将之道,"令之以文,齐之以武"的治军之道,"因粮于敌"的后勤之道……

智在其"兵者,国之大事也"的重战思想,"先胜而后求战"的备战思想,"奇正相生"的善战思想,"避实而击虚"的巧战思想,"千里杀将"的突袭战思想,"治心""夺气"的心理战思想,"君令有所不受"的应急作战思想,"胜敌而益强"的以战养战思想……

也如吴如嵩在《孙子兵法新论》中所说，智在其"知彼知己""知天知地"的知胜论，"不战而屈人之兵"的全胜论，"兵贵胜，不贵久"的速胜论，"以迂为直"的军争论，"兵以诈立"的诡道论，"示形动敌"的致人论，"因利制权"的任势论，"威加于敌"的伐交论，"刚柔皆得"的战道论，"九地之变"的军事地理论，"不可取于鬼神"的朴素唯物论……

而智中之智，是其"安国全军"的慎战观。

"慎战"是《孙子兵法》的核心要旨，是孙子军事思想的灵魂所在。它使得《孙子兵法》的军事思想，从狭义的战争谋略上升到了国家安全与发展的方略。400年前，有人根据社会发展总结出这样一个循环往复的链条："和平带来富裕，富裕带来骄傲，骄傲带来愤怒，愤怒带来战争，战争带来贫穷，贫穷带来博爱，博爱带来和平。"当今信息化战争时代，现代科学领域的一些最新研究成果都被运用到了军事上，各种杀伤力巨大的尖端武器已使战争恶魔的面目愈发狰狞。难能可贵的慎战思想，使得两千五百多年前的《孙子兵法》，至今仍不失为一部不乏温度、自带光芒的战略宝典。

人生如战场，商场如战场，赛场如战场，职场如战场；用字如用兵，用药如用兵，用医如用将……《孙子兵法》

在作用于军事斗争的同时,也广泛指导着其他社会实践活动,在政府管理、社团管理、经营管理、人事管理、人际交往、竞技、竞选、博弈乃至医学实践等方面,都有用武之地。早在战国时期,《孙子兵法》的理论便已运用于治病救人和商业活动之中。被誉为日本"经营之神"的松下电器的创始人松下幸之助深有体会:"《孙子兵法》是天下第一神灵,我们必须顶礼膜拜,认真背诵,灵活运用,公司才能发达。"

历史的天空下,孙子已走得越来越远,走得越远他的背影反而越浓。"神灵"般的《孙子兵法》,依然是闪耀在我们头顶的智慧星座。

大千世界,万物互联。人类的终极战略并非你争我夺、你死我活,而应是同心如意、和谐共处。我们智读《孙子兵法》、智用《孙子兵法》,读到深处、用到深处,方知《孙子兵法》恰是一部和平之书。

2021 年 8 月

目录

- 001 一 始计篇
- 015 二 作战篇
- 029 三 谋攻篇
- 045 四 军形篇
- 057 五 兵势篇
- 069 六 虚实篇
- 085 七 军争篇
- 103 八 九变篇
- 113 九 行军篇
- 131 一〇 地形篇
- 143 一一 九地篇
- 171 一二 火攻篇
- 183 一三 用间篇

199	200	206	218
附录 史记·孙子吴起列传	一 孙子传	二 孙膑传	三 吴起传

○ 兵者,诡道也。

○一

始计篇

孙子曰：兵¹者，国之大事，死生之地²，存亡之道³，不可不察⁴也。

故经之以五事⁵，校之以计，而索其情⁶。

一曰道⁷，二曰天，三曰地，四曰将，五曰法。

1 兵：这里指战争。一说指军事学。
2 地：领域。
3 道：方法，途径。
4 察：仔细看，调查，这里可理解为认真考察研究。
5 经之以五事：对五种情况进行分析。经，经度，引申为分析、研究。
6 校之以计，而索其情：意为对敌我双方具备的各种条件进行考察分析，并据此加以比较，来求得对战争情势的认识。校，较量，比较。计，计算，估计。索，探索。情，情势。
7 道：政治，这里指政治开明，有良好的政治局面、政治措施。

道者,令民与上同意也,故可以与之死,可以与之生,而不畏危。天者,阴阳[1]、寒暑、时制[2]也。地者,远近、险易、广狭、死生[3]也。将者,智、信、仁、勇、严也。法者,曲制[4]、官道[5]、主用[6]也。凡此五者,将莫不闻,知之者胜,不知者不胜。

1 阴阳:这里指昼夜、晴雨等变化。
2 时制:时令,季节,这里指四季的更替变化。
3 死生:指死地和生地。因不利于部队攻守进退而导致不能掌握战争主动权的地形为死地,反之为生地。
4 曲制:军队的组织编制和领导指挥体制。曲,部曲,指军队中的队伍行列。
5 官道:这里指对各级指挥官的职责划分和管理措施等。官,指军队中的各级指挥官。
6 主用:指对军队后勤军需的管理。主,掌管。用,物资费用。

故校之以计而索其情,曰:主孰有道[1]?将孰有能?天地孰得[2]?法令孰行?兵众孰强[3]?士卒孰练[4]?赏罚孰明?吾以此知胜负矣。

1 主孰有道:哪一方政治开明。孰,谁,这里指哪一方。有道,这里指施政清明。
2 天地孰得:哪一方拥有天时地利。天地,这里指天时地利。
3 兵众孰强:哪一方的装备更精良,队伍更强大。兵,这里指兵械。
4 练:训练,这里指训练有素。

将¹听吾计,用之必胜,留之;将不听吾计,用之必败,去之。

计利以听²,乃为之势,以佐其外³。势者,因利而制权⁴也。

1 将:这里指假设、如果。一说指将军。
2 计利以听:指权衡利弊后,计策被采纳。计利,权衡利弊。以,通"已"。听,听从、采纳。
3 乃为之势,以佐其外:意为就要营造一种有利的军事态势,作为实现战略计划的外在辅助条件。势,形势,情势,这里指军事态势。佐,辅佐。其,指示代词,这里指战略计划。外,这里指外部环境或客观环境。
4 因利而制权:指因时因事而异而变通方法,意为依据利害得失而采取相应的行动。因,依据。利,指有利于自己的原则。制,顺从,顺应。权,机变,变通,灵活处置。

兵者，诡道¹也。故能而示之不能，用而示之不用，近而示之远，远而示之近；利而诱之，乱而取之，实而备之²，强而避之，怒而挠之³，卑而骄之，佚⁴而劳之，亲而离之。攻其无备，出其不意。此兵家之胜⁵，不可先传也。

1 诡道：指诡诈之术。诡，欺诈。道，方法，计谋。
2 实而备之：意为对于实力雄厚的敌人，要严加防备。实，这里指敌军军力充实。备，防备。
3 怒而挠之：意为对于易怒的敌人，要挑逗激怒他。一说指敌人来势凶猛，应设法遏制敌人的气焰。挠，挑逗。
4 佚：同"逸"，安乐，安闲。
5 胜：优美的（景物、境界等），这里指奥妙、诀窍。

夫未战而庙算[1]胜者,得算[2]多也;未战而庙算不胜者,得算少也。多算胜,少算不胜,而况于无算乎!吾以此观之,胜负见矣。

1 庙算:朝廷或帝王在作战前对战事进行商议、判定、谋划。
2 算:谋划,计划,这里指制胜的条件、把握。

孙子说：战争，是国家的大事，关乎人民的生死，国家的存亡，我们对它不能不慎重对待，认真考察研究。

因此，要通过对以下"五事"，即五个决定战争胜败的因素，来对敌我双方的情况进行分析比较，推断战争的可行性：一是"道"，二是"天"，三是"地"，四是"将"，五是"法"。

所谓"道"，即政治，就是看军民是否与君主同心同德，能否与君主同生死，而不畏惧任何危险。所谓"天"，即天时，就是看昼夜、晴雨、冷热的变化和四季更替等，对作战的影响。所谓"地"，即地利，就是看征途的远或近，地势的险峻或平坦，地形的广阔或狭窄，所选战场是生地还是死地等，对作战的利与弊。所谓"将"，即将帅，就是看将帅是否具备了智（足智多谋）、信（赏罚有信）、仁（爱护部属）、勇（勇敢果断）、严（法令严明）这五德，是否胜任领兵作战。所谓"法"，即法治，就是看部队的组织编制和领导指挥体制、各级军官的职责权限与管理措施、后勤军需的保障机制与管理制度等，是否已经完善、严格执行。以上五个方面，将帅都不能不了解，了解透彻就能打胜仗，了解不透彻就打不了胜仗。

因而，还要进一步通过以下几个方面来比较敌我双方所具备的条件优劣，预判战争胜负的可能性：哪一方的政治更加开明？哪一方的将帅更有本领？哪一方占天时地利更多？哪一方把法令法规执行得更严？哪一方的装备更精良、队伍更强大？哪一方更注重练兵备战、士卒更加训练有素？哪一方的赏罚更加公正有信？我们一一进行比较后，就可预知谁胜谁负了。

国君如能采纳我的计策，用兵作战必能获胜，这样我就留下来；如不能采纳我的计策，用兵作战必遭失败，这样我只好离开。

权衡利弊后，计策一经采纳，就要加紧营造有利的军事态势，作为实现战略计划的外在辅助条件。所谓军事态势的营造，旨在依据利害得失而采取相应的策略，掌握战场主动权。

用兵的重要一着，是诡诈之术。因而，我"能"，要伪装成"不能"；我"用"，要伪装成"不用"。我"近"，要伪装成"远"；我"远"，要伪装成"近"。敌人既然贪利，我们就不妨以小利诱惑他；敌人已经混乱，我们就趁机攻取他；敌人实力雄厚，我们就必须严加防备；敌人精锐强大，我们就暂时避其锋芒；敌人暴躁易怒，我们就把他挑逗得失去理智；敌人卑怯谨慎，我们就把他糊弄得骄横大意；敌人休整安逸，我们就把他骚扰得疲于应付；敌人团结和睦，我们就用计离间分化之。一旦用兵，就要在敌人还没有做好战斗准备的时候迅速进攻，在敌人意想不到的时间和地点突然出击。这些都是用兵者克敌制胜的诀窍，是不能事先传授的，只能因时因地因人而异，灵活运用。

尚未开战时就料定稳操胜券的，是因为战前筹划周密、拥有或创造了足够的制胜条件；尚未开战时就料定必败无疑的，是因为战前筹划不周、拥有或创造的制胜条件不足。战前筹划周密、拥有或创造了足够的制胜条件的就能取胜，战前筹划不周、拥有或创造的制胜条件不足的就不能取胜，更何况压根就未做筹划、毫无制胜条件可言的呢？我们透视这些情形，胜负的结局就看得一清二楚了。

天者,阴阳、寒暑、时制也。

○ 故兵贵胜,不贵久。

○二

作战篇

孙子曰：凡用兵之法[1]，驰车千驷[2]，革车[3]千乘，带甲[4]十万，千里馈[5]粮。则内外[6]之费，宾客之用[7]，胶漆之材[8]，车甲之奉[9]，日费千金，然后十万之师举[10]矣。

1 法：规律，法则。
2 驰车千驷：指轻型战车千辆。驰车，快速轻捷的战车。驷，古代指套着四匹马的车，也指同驾一辆车的四匹马，这里做量词用。
3 革车：古代用于运载粮草和军需物资的辎（zī）重车。
4 带甲：戴盔披甲，这里指全副武装的士卒。
5 馈：馈送，这里指运送、供应。
6 内外：这里指前方、后方。
7 宾客之用：指招待诸侯国使节的费用。宾客，这里指他国派来的使节。
8 胶漆之材：泛指制作和维护各种军用物资所需的材料。
9 奉：供给，补充。
10 举：兴起，起，这里指出兵作战。

其用战[1]也,贵胜,久则钝兵挫锐[2],攻城则力屈[3],久暴师[4]则国用不足。夫钝兵挫锐,屈力殚[5]货,则诸侯乘其弊而起,虽有智者,不能善其后矣。故兵闻拙速,未睹巧之久也。夫兵久[6]而国利者,未之有也。故不尽知用兵之害者,则不能尽知用兵之利也。

1 用战:用兵作战。
2 钝兵挫锐:军队疲惫,锐气挫伤。
3 力屈:战斗力衰竭。屈,竭尽,穷尽。
4 暴师:军队长期派遣在外。暴,显露。
5 殚:尽,竭尽。
6 兵久:指长期作战。

善用兵者，役不再籍[1]，粮不三载[2]，取用于国，因粮于敌，故军食可足也。国之贫于师者远输，远输则百姓贫；近于师者贵卖，贵卖则百姓财竭，财竭则急于丘役[3]。力屈、财殚，中原内虚于家[4]，百姓之费，十去其七；公家之费，破车罢[5]马，甲胄矢弩，戟楯蔽橹，丘牛[6]大车，十去其六。

1 役不再籍：意为不多次征兵。役，兵役。籍，花名册，这里用作动词，指按名册征兵。
2 粮不三载：意为不需要多次从本国往战地运送军粮。三，多次。载，运送。
3 丘役：指按丘征集的赋税徭役。丘，春秋时，九夫为井，四井为邑（yì），四邑为丘。
4 中原内虚于家：意为国内家家空虚。中原，指国内。
5 罢：疲惫。
6 丘牛：指从丘征集来的牛。

故智将务食于敌,食敌一钟[1],当吾二十钟;萁[2]秆一石,当吾二十石。故杀敌者,怒[3]也;取敌之利者,货也[4]。故车战,得车十乘已上,赏其先得者,而更其旌旗。车杂而乘之[5],卒善而养之[6],是谓胜敌而益强。

1 钟:古代的容量单位,六十四斗为一钟。
2 萁:同"其(qí)",豆秸(jiē)。这里泛指军中马、牛的饲料。
3 怒:这里指士气被激发出来。
4 取敌之利者,货也:意为要使士卒勇于夺取敌方的物资,就要以缴获的财物对其予以奖赏。利,财物。货,财货,这里指物质奖励。
5 车杂而乘之:指将缴获的战车和我方的战车编排在一起使用。杂,掺杂,混合。
6 卒善而养之:指善待俘虏,使其为我所用。卒,这里指俘虏、降卒。

故兵贵胜,不贵久。

故知兵之将,生民之司¹命,国家安危之主²也。

1 司:主持,掌管。
2 主:指对事物有决定权力,意为主宰。

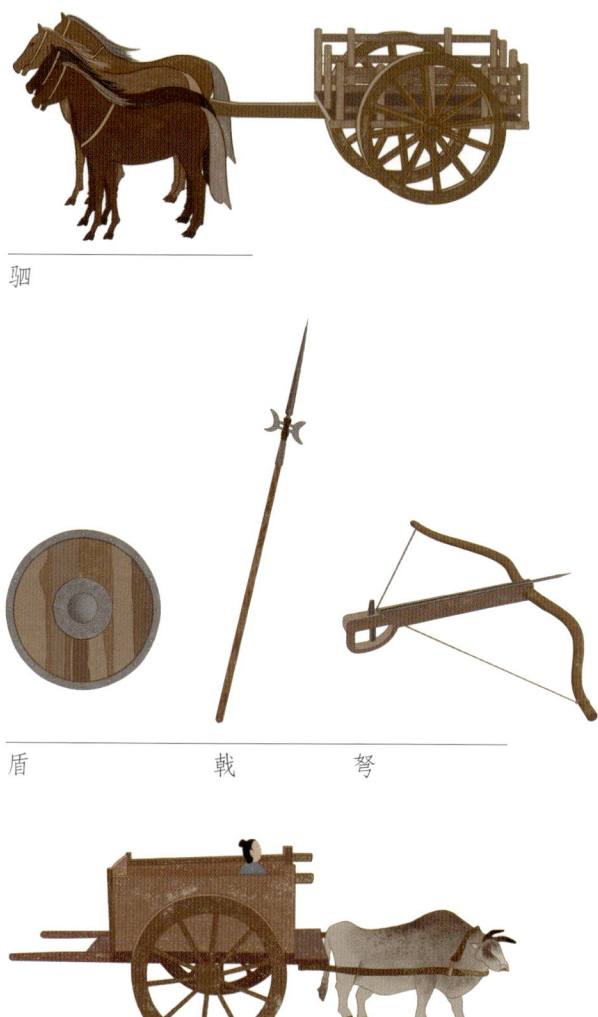

驷

盾　　　　戟　　　弩

丘牛大车

孙子说：一旦兴兵作战，一般规律是出动轻车千辆，重车千辆，全副武装的士卒十万，还要千里迢迢往前线运送粮草。前方后方的支出，包括招待各国使节的费用、制作和维护军用物资所需的材料、供应和补给武器装备的开销等，每天都要耗费巨额资金，然后这十万军士才能顺利出征。

因此，用兵作战，贵在速胜。战事旷日持久会导致兵疲马乏，士气挫伤，攻打城池会使兵力衰竭。军队长期在外作战，会导致国库空虚，供给困难。一旦兵疲马乏，士气挫伤，人力、物力、财力面临枯竭，虎视眈眈的各诸侯国就会乘虚而入。到了如此境地，即便有足智多谋之士，恐怕也挽救不了危局。所以，只听说有的将帅即使战法笨拙也要力求速胜，还没见过哪个将帅指挥艺术高超却热衷于持久作战。战争旷日持久却对国家有利，这样的事情还从未发生过。所以，将帅不知战争的害处，也就不知如何利用战争获利。

真正善于用兵的将帅，既不会要求再三征集兵员，也不会要求多次运送军粮。武器装备从国内取用，粮草却要力争从敌国就地夺取，只有这样，才能保证粮草充足。国家之所以因战事而贫困，就在于军队远征而不得不进行粮草的长途运输，长途运输势必劳民伤财。靠近军队集结处的地方物价会暴涨，物价暴涨就会使百姓的财富枯竭，财富枯竭时国家就会急于增加赋役。这样也就酿成了军力耗尽、财富枯竭、百姓家家空虚的严重后果。百姓的财产，约费掉十分之七。国家的财产，也会因战车、马匹的损耗，盔甲、弓箭、矛戟、盾牌等武器的制作和补充，以及辎重车辆的征用等，约费掉十分之六。

所以明智的将帅，总会力求在敌国就地解决好粮草供给的难题，在敌国夺取一钟的粮食，就相当于从国内费时费力远道运来二十钟；在敌国夺取一石的草料，就相当于从国内费时费力远道运来二十石。所以，要使士卒能在战场上英勇杀敌，就要激发出他们高昂的士气；要使士卒勇于夺取敌方的军需物资，就要慷慨地以缴获的财物对其予以奖赏。所以，在车战中，凡是抢夺到敌军战车十辆以上的，就奖赏最先抢得战车的人。对于夺得的战车，要及时换上我方的旗帜，混编到我方车阵中，使其为我所用。对于俘虏的敌军士卒，也要予以优待、感化，使其最终为我所用。如此一来，既战胜了敌人，也加强了自身的力量。

所以，用兵贵在速战速胜，最忌久拖不决。

真正懂得用兵之道的将帅，掌握着无数民众的生死，主宰着整个国家的安危。

○三

不战而屈人之兵,善之善者也。

谋攻篇

孙子曰：凡用兵之法，全国[1]为上，破国次之；全军[2]为上，破军次之；全旅[3]为上，破旅次之；全卒[4]为上，破卒次之；全伍[5]为上，破伍次之。是故百战百胜，非善之善者也；不战而屈人之兵，善之善者也。

1 全国：这里指使敌人举国屈服但保全其完整。全，完整，完全。这里做动词用，使……保全。
2 军：春秋时期军队的编制，每军为12500人。
3 旅：春秋时期军队的编制，每旅为500人。
4 卒：春秋时期军队的编制，每卒为100人。
5 伍：春秋时期军队的编制，每伍为5人。

故上兵伐谋[1]，其次伐交[2]，其次伐兵，其下攻城。攻城之法，为不得已。修橹轒辒[4]，具[5]器械，三月而后成，距闉[6]，又三月而后已[7]。将不胜其忿而蚁附之[8]，杀士卒三分之一而城不拔[9]者，此攻之灾也。

1 上兵伐谋：用兵的最高境界是以谋略胜敌。上，上等的，最好的。兵，指用兵方法。伐，攻击。谋，计谋。
2 伐交：用外交手段去讨伐。
3 伐兵：用武力去讨伐。
4 修橹轒辒：制造大盾和攻城用的战车。修，建造。橹，藤草制成的大盾牌。轒辒，攻城用的四轮车。
5 具：准备。
6 距闉：靠近敌城的攻城用的土丘。闉，通"堙"，为攻城而堆积的土丘。
7 已：结束，完工。
8 将不胜其忿而蚁附之：将帅控制不住恼怒的情绪，强行驱使士卒像蚂蚁一样去攀爬云梯攻城。胜，克制，制服。忿，恼怒。附，依附。
9 拔：夺取，攻克。

轒輼

闉

故善用兵者，屈人之兵而非战也，拔人之城而非攻也，毁人之国而非久[1]也，必以全争于天下[2]，故兵不顿[3]而利可全，此谋攻[4]之法也。

1 久：这里指旷日持久的战争。
2 必以全争于天下：意为要以全胜的战略去争胜于天下。全，这里指"全胜的战略"。争，争胜。
3 顿：通"钝"，疲惫，受挫。
4 谋攻：用谋略攻伐敌人。

故用兵之法，十则围之[1]，五则攻之，倍则分之[2]，敌[3]则能战之，少[4]则能逃之，不若[5]则能避之。故小敌之坚[6]，大敌之擒[7]也。

夫将者，国[8]之辅也，辅周[9]则国必强，辅隙[10]则国必弱。

1 十则围之：意为有十倍于敌军的兵力时就包围敌人。十，这里指兵力十倍于敌军。
2 倍则分之：意为有两倍于敌军的兵力时就分割消灭敌人。分，分割。
3 敌：指双方势均力敌。
4 少：指我方的兵力少于敌军。
5 不若：不如，指我方各种条件不如敌军。
6 坚：坚守。引申为硬拼。
7 擒：擒拿，这里指被俘虏。
8 国：这里指国君。
9 周：周到，周密。
10 隙：疏漏，缺陷。

故君之所以患[1]于军者三：不知军之不可以进而谓之进[2]，不知军之不可以退而谓之退，是谓縻军[3]；不知三军之事而同三军之政[4]者，则军士惑矣；不知三军之权[5]而同三军之任[6]，则军士疑矣。三军既惑且疑，则诸侯之难至矣，是谓乱军引胜[7]。

1 患：危害。
2 谓之进：命令军队前进。谓，告诉，这里指命令。
3 縻军：意为束缚了军队的行动。縻，羁縻，牵制。
4 不知三军之事而同三军之政：意为不了解军队的内务却要去干涉军队的行政。三军，春秋时期骑马打仗的前、中、后三个兵种，泛指军队。同，参与，干预。政，这里指军队的行政事务。
5 权：权宜，变通，平衡，这里指战略、战术。
6 任：指挥。
7 乱军引胜：意为自乱其军，自取败亡。乱，扰乱。引，离开，退避，这里指失去。

故知胜有五：知可以战与不可以战者胜；识众寡之用[1]者胜；上下同欲[2]者胜；以虞[3]待不虞者胜；将能而君不御[4]者胜。此五者，知胜之道[5]也。

1 识众寡之用：了解兵多或兵少时的不同战法。识，了解。众，多。寡，少。
2 上下同欲：上下有共同的愿望，众心齐一，这里指全军上下同心。
3 虞：猜测，预料，这里指准备、戒备。
4 御：驾驭，这里引申为干预。
5 知胜之道：预测战争胜利的方法。

故曰:知彼知己者,百战不殆[1];不知彼而知己,一胜一负;不知彼,不知己,每战必殆。

1 殆:危险,失败。

　　孙子说：大凡用兵作战，通常的原则是：使敌人举国屈服，不战而降为上策，用武力击破敌国为下策；使敌人全"军"降服为上策，用武力击破敌人的一个"军"则为下策；使敌人全"旅"降服为上策，用武力击破敌人的一个"旅"则为下策；使敌人全"卒"降服为上策，用武力击破敌人的一个"卒"则为下策；使敌人全"伍"降服为上策，用武力击破敌人的一个"伍"则为下策。所以，百战百胜，也并不是高明中最高明的。兵不血刃就能使敌军整体降服的，才堪称高明中最高明的。

　　因此，用兵的最高境界是以高超的谋略胜敌，其次是以灵活的外交手段挫敌，再次是以武力直接击敌，最下策才是强行攻城。强行攻城，是不得已而为之的方法。制造攻城用的大盾和四轮战车，准备攻城用的各种器械，需要数月才能完成。构筑攻城的土山，也要数月才能完工。如果将领控制不住急躁情绪，强行驱使士卒像蚂蚁一样去攀爬云梯攻城，付出伤亡三分之一的惨重代价，依然攻不下来，这便是仓促攻城所致的危害。

因此，善于用兵的将帅，不用发动战争就能使敌人屈服，不用强行攻城就能拿下城池，不需长期作战就能消灭敌国，总之要以全胜的战略去争胜于天下。这样一来，不损兵折将，就能获得全面的胜利。这就是以谋攻敌的好处。

所以，用兵的原则是：我们有十倍于敌军的兵力就包围敌人，我方有五倍于敌军的兵力就正面进攻敌人，我方有两倍于敌军的兵力就可以分割消灭敌人，双方势均力敌时我们就设法战胜敌人，我方兵力少于敌人时就要尽力摆脱敌人，我方兵力弱小则要避免与敌人交战。弱小的军队如果一味硬拼，那就势必成为强大敌军的俘虏。

将帅是国君的辅佐，辅佐得周密，国家就必定会日益强盛，辅佐得有疏漏，国家就必定会日渐衰弱。

所以，国君对军队造成的危害有三种：一是不了解军队不可以前进却武断令其前进，不了解军队不能撤退却武断令其撤退，这就束缚了军队；二是不了解军队的内务却硬要去粗暴干涉军队的行政，将士就会迷惑；三是不懂得战略战术却硬要参与干涉军队的指挥,将士就会疑虑。将士既迷惑又疑虑,一旦诸侯国乘机侵犯,灾难就会降临到头上。这无疑是自乱其军,自取败亡。

因此,战争的胜利,可从五个方面预知:懂得什么时候可战或不可战的,通常能取胜;懂得兵多或兵少时的不同用法的,通常能取胜;全军上下同心协力的,通常能取胜;以有备之师待无备之敌的,通常能取胜;将帅精明能干而国君又不横加干预的,通常能取胜。对以上五个方面的观察,就是预知胜利的方法。

所以说:既了解敌方也了解自己的,百战无危;不了解敌方而了解自己的,胜败都有可能;既不了解敌方又不了解自己的,每战必险。

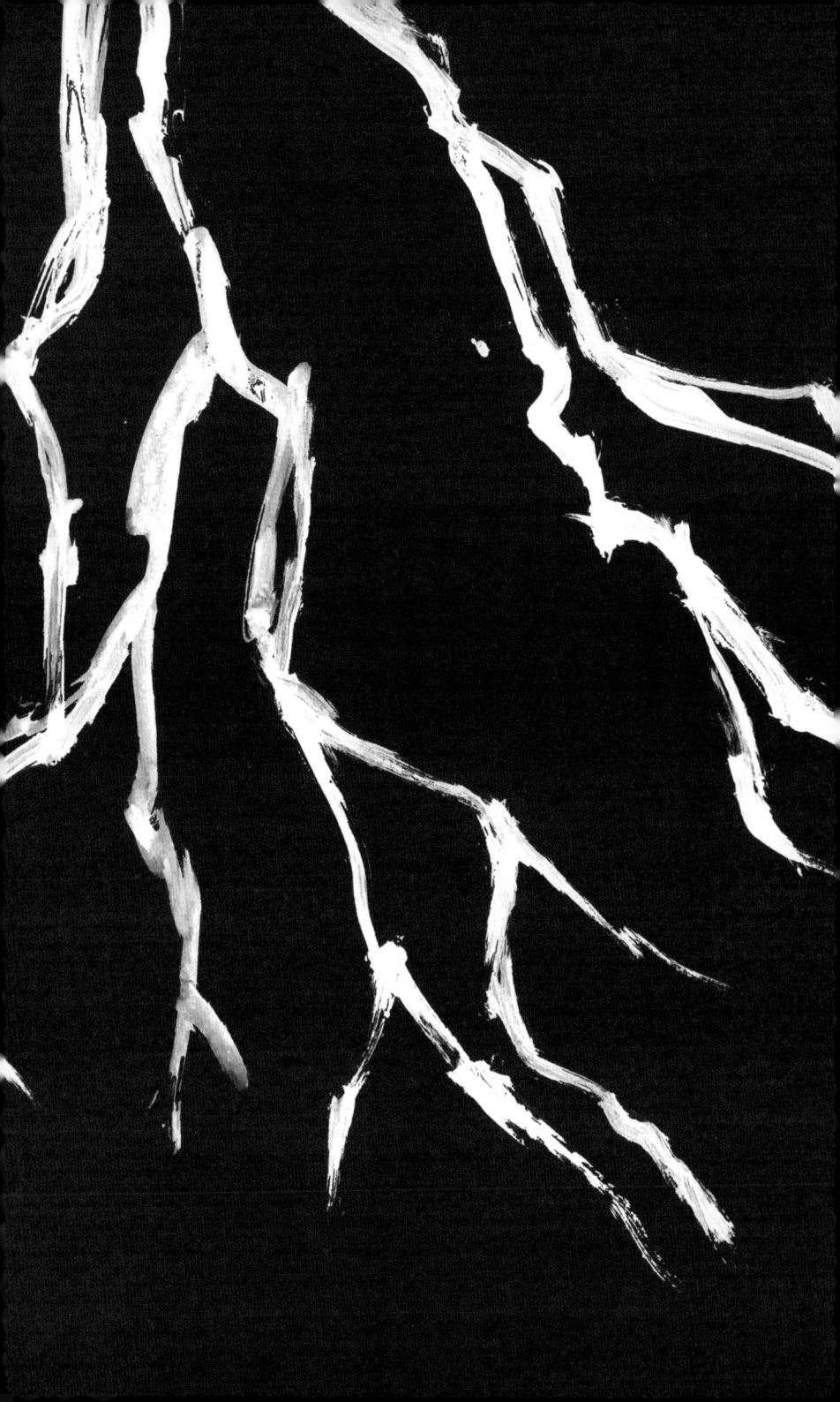

〇四

胜可知,而不可为。

军形篇

孙子曰：昔之善战者，先为不可胜[1]，以待敌之可胜[2]。不可胜在己[3]，可胜在敌[4]。故善战者，能为不可胜，不能使敌之必可胜[5]。故曰：胜可知，而不可为[6]。

1 先为不可胜：意为先创造有利的条件使自己立于不败之地。为，做，这里指做到、造成。不可胜，指不被敌人战胜。
2 待敌之可胜：等待可以战胜敌人的机会。待，等待。
3 在己：在于自己，取决于自己。
4 在敌：在于敌人，取决于敌人。
5 不能使敌之必可胜：不能做到使敌人一定会被战胜。
6 不可为：意为不可强求。为，造成，这里指强求。

不可胜者，守也；可胜者，攻也。守则不足[1]，攻则有余[2]。善守者，藏于九地之下[3]，善攻者，动于九天之上[4]，故能自保而全胜也。

见胜不过众人之所知[5]，非善之善[6]者也；战胜而天下曰善，非善之善者也。故举秋毫不为多力[7]，见日月不为明目，闻雷霆不为聪耳。古之所谓善战者，胜于易胜者也。故善战者之胜也，无智名，无勇功，故其战胜不忒[8]。不忒者，其所措必胜，胜已败者也。故善战者，立于不败之地，而不失敌之败也。是故胜兵先胜而后求战[9]，败兵先战而后求胜[10]。善用兵者，修道而保法[11]，故能为胜败之政[12]。

1 守则不足：兵力不足时防守。不足，这里指兵力不足。
2 攻则有余：兵力充足有余时向敌人发起进攻。
3 藏于九地之下：意为把军队隐藏起来，如同藏在很深的地下。九，古人常用"九"表示数的极点。九地，极深的地下。
4 动于九天之上：意为军队发起进攻如同神兵从天而降。动，发动，这里引申为进攻。
5 见胜不过众人之所知：能预见胜利但还没超过一般人的认识。见胜，预见到胜利。
6 善之善：好而又好，最好的。
7 举秋毫不为多力：能举起一根毫毛并不能算是力气大。秋毫，指像毫毛一样的细小轻微的事物。
8 忒：差错。
9 胜兵先胜而后求战：意为胜利之师之所以取得了胜利，是因为他们是在创造了必胜的条件后再向敌人开战。胜兵，打胜仗的军队。先胜，这里指事先创造了必胜的条件。
10 败兵先战而后求胜：意为溃败之师之所以溃败，是因为他们是在交战后才谋求得胜。
11 修道而保法：修明政治，确保法制。
12 为胜败之政：意为掌握战争胜败的决定权。政，这里指决定权。

兵法：一曰度，二曰量，三曰数，四曰称，五曰胜。地生度[1]，度生量[2]，量生数[3]，数生称[4]，称生胜[5]。故胜兵若以镒称铢[6]，败兵若以铢称镒。胜者之战民[7]也，若决积水于千仞之谿[8]者，形也。

1 地生度：国家的幅员辽阔与否，决定了土地面积的大小。
2 度生量：土地面积的大小，决定了物产资源的丰富或匮乏。
3 量生数：物产资源的丰富或匮乏，决定了能供养的兵员数量的多少。
4 数生称：兵员数量的多少，决定了部队战斗力的强弱。
5 称生胜：部队战斗力的强弱，决定了战事的成败。
6 以镒称铢：比喻以强大的实力来击败弱小之敌。镒、铢，古代的重量单位。一镒等于24两，一两等于24铢，一镒就相当于576铢。
7 战民：指挥军队作战。民，这里指士卒、军队。
8 决积水于千仞之谿：在万丈悬崖上决开山涧的积水。仞，古代的长度单位，一仞为七尺。千仞，形容极高。谿，同"溪"，指山涧。

孙子说：从前那些善于作战的将帅，总是先创造条件使自己立于不败之地，然后等待并捕捉机会战胜敌人。要做到不可被战胜，在于能否把战争的主动权牢牢地掌握在自己手里；能否战胜敌人，则在于敌方是否露出破绽，使我们有机可乘。因而，善于作战的将帅，能够创造出不被敌人战胜的有利条件，却没有百分之百的把握做到使敌人一定会被战胜。所以说：胜利是可以预见的，但不可强求。

不能战胜敌人时，我们就谨慎防守；有可能战胜敌人时，我们就大胆进攻。我们采取防守，是因为条件还不具备，兵力还不够足；我们发起进攻，是因为时机已成熟，兵力已绰绰有余。善于防御的将帅，能把兵力隐蔽得如同深藏在地下；善于进攻的将帅，能让部队如同神兵天降。如此一来，我们既保全了自己，又能赢得全面的胜利。

能预见胜利，但还没超过一般人的见识，这不算是高明中最高明的。打了胜仗，赢得了天下人的称赞，也不算是高明中最高明的。这就好像是，能举起秋毫一样轻的东西并不算力大，能看到夺目的太阳、月亮并不算眼明，能听见轰响的雷鸣并不算耳聪。古代所谓善于打仗的将帅，其实都只是战胜了易于战胜的敌人而已。所以，善于打仗的人打了胜仗，既无智慧过人的名声，也无勇武非凡的战功，他们之所以取得胜利，只因不出差错而已，之所以不出差错，只因作战的策略建立在必胜的基础上，战胜了那些早已注定要失败的敌人而已。所以，真正善于指挥作战的将帅，总会创造条件确保自己立于不败之地，同时不错失任何一个击败敌人的时机。因此，胜利之师是在创造了必胜的条件后再向敌人开战，而失败之师却是在冒险交战后才谋求胜利。善于指挥作战的人，修明政治，确保法制，所以能掌握战争胜败的决定权。

用兵要把握好以下五项原则：一是度（估算土地面积），二是量（计量物产资源），三是数（统计兵员数量），四是称（对比双方实力），五是胜（预判战争胜负）。双方国度的幅员辽阔与否，决定了土地面积的大小；土地面积的大小，决定了物产资源的丰乏；物产资源的丰乏，决定了能供养的兵员数量的多少；兵员数量的多少，决定了部队战斗力的强弱；部队战斗力的强弱，决定了战事的成败。所以胜利之师如同以镒对铢，以其占住绝对优势的实力来击败弱小之敌；而溃败之师如同以铢对镒，是以弱小的实力来对抗占住绝对优势的敌方。胜券在握的将帅领兵作战，就像在万丈悬崖上猛然决开山涧的积水一样，倾泻而下，势不可当。这就是凭借军事实力所塑的"形"。

见日月不为明目。

〇五

○善出奇者,无穷如天地,不竭如江河。

兵势篇

孙子曰：凡治众如治寡，分数[1]是也；斗众[2]如斗寡，形名[3]是也；三军之众，可使必受敌[4]而无败者，奇正[5]是也；兵之所加，如以碫投卵[6]者，虚实是也。

1 分数：军队的组织编制。曹操注："部曲为分，什伍为数。"
2 斗众：意为指挥人数众多的部队作战。斗，使之战斗。
3 形名：泛指用于指挥作战的工具和联络信号，如旌旗、金、鼓等。曹操注："旌旗曰形，金鼓曰名。"
4 必受敌：指四面受敌。必，同"毕"，完全、全部的意思，也有一说为"假使，果真"。
5 奇正：古代兵法术语，以设伏掩袭等为奇，以对阵交锋为正。奇，这里泛指变化无端、出其不意的战法；正，这里泛指正规或一般的战法。编者注：据《华杉讲透国学经典》作者华杉注解，奇（jī），是奇数偶数的奇，又称余奇，兵法原意是指多出的部分，这里指正兵与敌交战时，始终要预备至少一支多出来的兵力，关键时刻打出去就是奇兵。
6 以碫投卵：用石头投向鸡蛋，比喻以强攻弱，必胜无疑。碫，打铁的砧石，泛指石头。

凡战者，以正合[1]，以奇胜。故善出奇者，无穷如天地，不竭如江河。终而复始，日月是也。死而复生，四时是也。声不过五，五声[2]之变，不可胜[3]听也；色[4]不过五，五色之变，不可胜观也；味[5]不过五，五味之变，不可胜尝也；战势[6]不过奇正，奇正之变，不可胜穷也。奇正相生，如循环之无端[7]，孰能穷[8]之？

1 合：这里指交战、合战。
2 五声：也称"五音"，我国古代，以宫、商、角、徵、羽五个基本音阶为五声。
3 胜：尽，完。
4 色：颜色。
5 味：味道。
6 战势：作战方式、形式。
7 无端：无始无终。
8 穷：穷尽。

激水之疾[1],至于漂石者,势也;鸷鸟之疾,至于毁折[2]者,节[3]也。是故善战者,其势险,其节短。势如彍弩[4],节如发机[5]。

1 疾:急速。
2 鸷鸟之疾,至于毁折:意为猛禽迅飞猛击,以至能捕杀鸟雀。鸷鸟,凶猛的鸟。毁折,这里指猛禽捕杀鸟雀。
3 节:节奏。
4 彍弩:拉满的弓弩。
5 发机:扣动弩机。

纷纷纭纭[1]，斗乱[2]而不可乱也；浑浑沌沌[3]，形圆[4]而不可败也。乱生于治，怯生于勇，弱生于强[5]。治乱，数也[6]；勇怯，势也[7]；强弱，形也[8]。

1 纷纷纭纭：纷杂混乱。
2 斗乱：意为在纷乱状态中指挥作战。
3 浑浑沌沌：混杂，不分明，这里指战车转动，兵如潮涌。
4 形圆：周密的阵形。
5 乱生于治，怯生于勇，弱生于强：意为混乱从严整中产生，怯懦从勇敢中产生，软弱从强盛中产生。
6 治乱，数也：意为严整或混乱，是组织编制的好坏所致。数，军队的组织编制。
7 勇怯，势也：意为勇敢或胆怯，是态势的优劣造成的。
8 强弱，形也：意为强盛或软弱，是力量大小的体现。

故善动敌[1]者，形之[2]，敌必从之；予之[3]，敌必取之。以利动之，以卒[4]待之。故善战者，求之于势，不责[5]于人，故能择人而任势。任势者，其战人[6]也，如转木石。木石之性，安[7]则静，危[8]则动，方则止，圆则行。故善战人之势，如转圆石于千仞之山者，势也。

1 动敌：调动敌人，这里指按照自己的意图调动敌人。
2 形之：示敌以形，这里指用假象迷惑敌人。形，示形。
3 予之：这里指用小利引诱敌人。予，给予。
4 卒：这里指重兵。
5 责：苛求。
6 战人：指挥士卒作战。
7 安：平，这里指平地。
8 危：危险，这里指地势陡峭。

孙子说：管理大部队也能像管理小分队一样轻轻松松，靠的是合理、有序的组织编制；指挥大部队作战也能像指挥小分队作战一样妥妥当当，靠的是明确、高效的号令系统；整个部队四面受敌而能不败，靠的是奇正结合的战术；集中兵力向敌军发起猛攻，如同用石头砸鸡蛋一样容易，靠的是以实击虚、避实就虚的战法。

大凡作战，都是以正兵正面交战，以变化无端的奇兵制胜。因此，善于出奇制胜的将帅，其战法的变化就像天长地久一样无穷无尽，像江河横流一样永不枯竭，像日月运行一样终而复始，像四季更替一样去而复来。声音不过宫、商、角、徵、羽五个音阶，但五音的奇妙组合变化，我们永远也听不完；颜色不过红、黄、蓝、白、黑五种，但五色的奇妙组合变化，我们永远也看不够；味道不过酸、甜、苦、辣、咸五类，但五味的奇妙组合变化，我们永远也尝不尽。作战的方式方法不过奇正两种，但奇正的组合变化，无穷无尽。奇正的转化，就好比顺着圆环旋绕一样无始无终，又有谁能穷尽它呢？

湍急的流水迅猛奔泻，以至能漂动大石，在于它所产生的巨大冲击力的势能；鸷鸟迅猛搏击，一瞬间可置雀鸟于死地，是因它冲击时节奏异常快捷。因此，善于指挥作战的将帅，造就的态势必定险峻逼人，进攻的节奏必定短促有力。态势险峻逼人好似拉得满满的弓弩，节奏短促有力如同狠狠扣动弩机。

旌旗纷纷而人马纭纭，在混乱中指挥作战要头脑清醒，有条不紊；战车转动而兵如潮涌，在混杂状态中要布阵周密，战而不败。混乱从严整中产生，怯懦从勇敢中产生，弱小从强大中产生。严整或混乱，是组织编制的好坏所致；勇敢或胆怯，是态势的优劣造成的；强盛或软弱，是力量大小的体现。

所以，善于调动敌军的人，向敌军示以假象，敌军必会被牵着鼻子走；给予敌军一点小利，敌军必会上钩来争夺。用小利把敌军调动得团团转的同时，还要预备重兵严阵以待，伺机歼灭。所以，善于带兵打仗的将帅，总会力求造就有利的态势，而不会对士卒求全责备，会选择合适的人才去造就有利的态势。善于造就有利态势的将帅，指挥作战时，就像转动木头和石头一般。木头和石头的特点是，放在平坦的地面上就不会动，放在陡峭的斜坡上就会打起滚来，方形的容易静止，圆形的容易滚动。所以，善于指挥作战的人所造就的态势，就像突然把圆石从千仞高山滚下来一样，来势凶猛，尤坚不摧。这就是"势"。

奇正相生，如循环之无端。

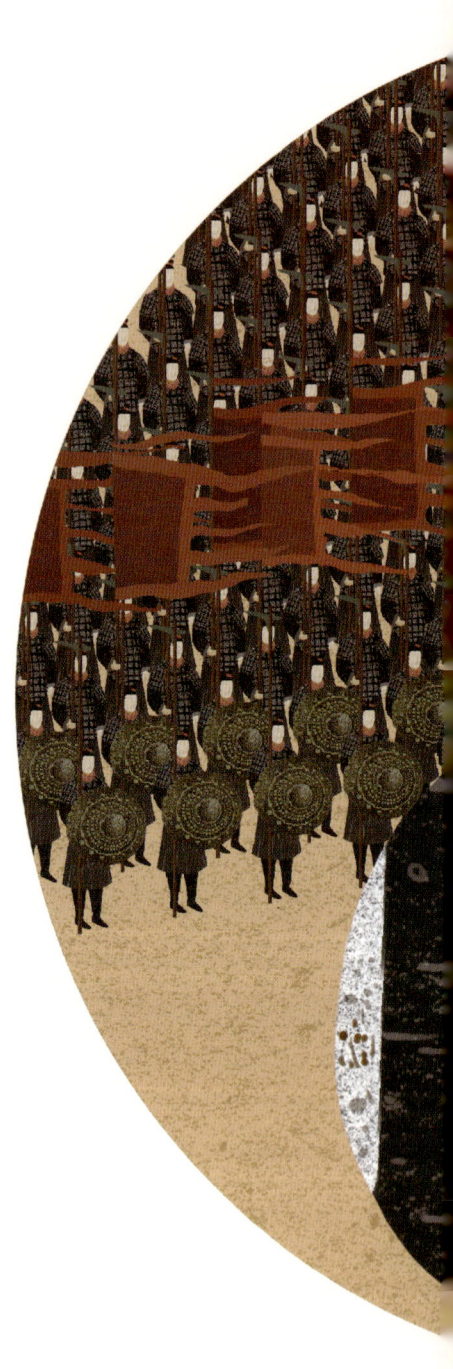

〇六 虚实篇

五行无常胜,四时无常位,日有短长,月有死生。

孙子曰：凡先处[1]战地而待敌者佚[2]，后处战地而趋战[3]者劳[4]。故善战者，致人而不致于人[5]。能使敌人自至者，利[6]之也；能使敌人不得至者，害[7]之也。故敌佚能劳之，饱能饥之，安[8]能动之。

1 处：居住，这里指到达、占领。
2 佚：通"逸"，安逸，闲逸，从容。
3 趋战：指急行军后仓促应战。趋，快步行走。
4 劳：疲劳。
5 致人而不致于人：意为能调动敌人而自己却不被敌人所调动。致，招致，这里指调动。人，这里指敌人。致于人，被敌人所调动。
6 利：以利引诱。
7 害：妨害，阻挠，牵制。
8 安：安稳。

出其所不趋[1]，趋其所不意[2]。行千里而不劳者，行于无人之地也；攻而必取者，攻其所不守也；守而必固者，守其所不攻也。故善攻者，敌不知其所守；善守者，敌不知其所攻。微乎[3]微乎，至于无形；神[4]乎神乎，至于无声，故能为敌之司命[5]。

1 出其所不趋：意为我军出击的地方是敌人急行军无法达到的地方。出，出兵。
2 趋其所不意：意为我军突然奔袭的时间或地点，是敌人意料不到的时间或地点。
3 微乎：微，微妙。乎，语气词。
4 神：神奇，深奥。
5 为敌之司命：成为敌人命运的主宰者。司命，命运的主宰。

进而不可御者,冲其虚[1]也;退而不可追者,速而不可及[2]也。故我欲战,敌虽高垒深沟,不得不与我战者,攻其所必救也;我不欲战,画地而守[3]之,敌不得与我战者,乖其所之[4]也。

1 冲其虚:意为冲击敌军防守空虚、松懈的地方。冲,冲击。虚,空虚,这里指防守薄弱。
2 及:追赶,赶上。
3 画地而守:意为在地上画出一条界线作为防守的屏障。画,画出界线。画地,在地上画出界线。
4 乖其所之:意为用计将敌军调动到了别的方向。乖,违反,背离,这里指改变、调动。之,去。

故形人[1]而我无形,则我专而敌分[2]。我专为一,敌分为十,是以十攻其一也,则我众而敌寡。能以众击寡者,则吾之所与战[3]者,约[4]矣。吾所与战之地不可知[5],不可知则敌所备[6]者多。敌所备者多,则吾所与战者,寡矣。故备前则后寡[7],备后则前寡,备左则右寡,备右则左寡,无所不备,则无所不寡[8]。寡者,备人者也[9];众者,使人备己者也[10]。

1 形人:使敌人暴露形迹。
2 我专而敌分:指我军兵力集中而敌军兵力分散。专,专一,集中。分,分散。
3 所与战:指我军将要与之作战的敌军。
4 约:有限,少。
5 不可知:指敌军不可知。
6 备:准备,这里指兵力防备。
7 备前则后寡:用兵力防备了前面,后面的兵力便少了。
8 无所不备,则无所不寡:如果处处设防,必然导致处处兵力薄弱。
9 寡者,备人者也:兵力相对薄弱,是处处设防的缘故。
10 众者,使人备己者也:兵力充足,是迫使敌人分兵防备的缘故。

故知战之地，知战之日，则可千里而会战。不知战地，不知战日，则左不能救右，右不能救左，前不能救后，后不能救前，而况远者数十里，近者数里乎？以吾度¹之，越人之兵²虽多，亦奚益于胜败哉³？故曰：胜可为也。敌虽众，可使无斗⁴。

1 度：推测，分析。
2 越人之兵：指越国的军队。越，越国，当时与吴国相邻的一个诸侯国。
3 奚益于胜败哉：对于决定战争的胜败又有什么补益呢？奚，疑问词，何，什么。益，益处，补益。
4 无斗：无法战斗。

故策之而知得失之计[1],作[2]之而知动静之理,形之而知死生之地,角[3]之而知有余不足之处。故形兵之极[4],至于无形。无形,则深间不能窥[5],智者不能谋。因形而错胜于众[6],众不能知;人皆知我所以胜之形,而莫知吾所以制胜之形。故其战胜不复[7],而应形于无穷[8]。

1 策之而知得失之计:意为通过深入的分析判断,了解敌人作战计划的优劣长短。策,分析判断。得失之计,指敌方计谋的得与失、优与劣。
2 作:兴起,此处指挑动。
3 角:量,较量,这里指对敌军的试探性较量。
4 形兵之极:意为伪装运动的战法运用得极其高妙。形兵,这里指伪装示形于敌。极,极点。
5 深间不能窥:意为深藏的间谍也无法探明我方的底细。深间,指深藏的间谍。窥,刺探。
6 因形而错胜于众:意为根据敌情的变化而灵活运用战术取胜,把制胜的策略摆在众人面前。因,依据。错,同"措",意为放置。
7 战胜不复:指每次战胜的方法都不重复。复,重复。
8 应形于无穷:战略战术能适应各种不同的敌情,变化无穷。应,适应。形,形势,这里指敌情。

夫兵形象水[1]，水之形，避高而趋下，兵之形，避实而击虚。水因地而制流，兵因敌而制胜。故兵无常势[2]，水无常形，能因敌变化而取胜者，谓之神[3]。故五行无常胜[4]，四时无常位[5]，日有短长，月有死生[6]。

1 兵形象水：用兵的规律就像水流的规律一样。
2 兵无常势：用兵打仗，没有一成不变的态势。
3 神：这里指用兵如神。
4 五行无常胜：意为五行的相克关系不是固定不变的。古人将金、木、水、火、土视为组成物质的五个最基本要素，称为"五行"。常，这里指固定不变。胜，这里指五行相克。
5 四时无常位：意为四季更迭，不会一直停留在某个季节。四时，四季。
6 日有短长，月有死生：意为一年之中的白天，有的短，有的长，月亮在一个月之中也有亏有盈。

孙子说：凡抢先到达战场，等待迎击敌人的一方，就从容、主动；而后抵达战场仓促应战的一方，就疲劳、被动。所以，善于指挥作战的人，其高明之处，就在于能有本事调动敌人而不被敌人调动。能使敌人不由自主地来到我方预设的地域，是我方以小利引诱的结果；能使敌人不能到达其预定地域，是我方对其设法阻碍所致。所以，敌军休整得好的时候，我方就要设法使其疲劳不堪；敌人给养充分的时候，我方就要设法使其饥肠辘辘；敌军驻扎安稳的时候，我方就要设法使其骚动不安。

要出击，就要在敌人无法赶来救援的地方出击；要突袭，就要在敌人意料不到的方向或时间突袭。行军千里而不至于人困马乏，是因为我们行进在敌人没有设防的地区，一路无阻如入无人之地。发起进攻而必然得手，是因为我们攻击敌人防守松懈的地方；防守之所以异常牢固，是因为我们扼守在敌人不会进攻的地方。所以，善于进攻的人，能让敌人懵懵懂懂不知从哪防守；善于防守的人，能让敌人云里雾里不知向哪进攻。微妙呀！微妙到让敌人看不出任何形迹。神奇呀！神奇到让敌人听不出丝毫声息，这样我们才能成为敌军命运的主宰者。

我们前进时，敌人无法抵御，是因为我们冲击了敌军的空虚之处；我们撤退时，敌人无法追击，是因为我们疾步如飞而敌人追赶不上。所以，我军若要开战，那些本想坚守深沟高垒闭门免战的敌人，也不得不出来交战，这是由于我方攻击了敌人不得不救援的要害之处；我方若不想交战，即使只是在地上画出一条界线来作为防守的屏障，也能把阵地稳稳守住，这是因为敌人已无法赶来与我方交战，他们早已被我方声东击西调往了别的方向。

所以，要迫使敌人暴露形迹，而我军保持隐蔽，让敌人捉摸不透我方的虚实，这样我军就可以有针对性地集中兵力于一处，而敌人的兵力势必分散。一旦我军兵力集中于一处，敌人兵力分散于十处，我军就能在局部战场上以十倍于敌的优势兵力打击敌人，造成我众敌寡的有利态势；我军之所以能做到以众击寡，是因为能与我军在局部战场直接交战的敌人已变少。敌人不知道我军预设的交战地点，就只好处处防备；敌人防备的地方越多，兵力就越分散，那么我军在局部战场上所直接面对的敌人就越少。所以，敌军若重点防备前面，后面的兵力就相对薄弱；敌军若重点防备后面，前面的兵力就相对薄弱；敌军若重点防备左翼，右翼的兵力就相对薄弱；敌军若重点防备右翼，左翼的兵力就相对薄弱；敌军若处处防备，就会导致处处兵力薄弱。敌军处处兵力薄弱，是因为处处防备而导致兵力不得不分散；我军在局部战场上兵力相对充足，是因为迫使敌人不得不分兵防备。

所以，若能预知与敌交战的地点和日期，即使跋涉千里，也可以去与敌军交战。如果既不知道交战的地点，又不知道交战的日期，面对攻击就会陷入被动，导致左翼救不了右翼，右翼救不了左翼，前面救不了后面，后面救不了前面，如此狼狈，哪还能做到在远则几十里，近则也有好几里的范围内作战呢？所以，据我推断，越国的兵力虽多，但如果他们用兵不当，对决定战争的胜败又有什么补益呢？所以说，战争的胜利，事在人为。敌军的兵力虽多，我们也可以使他们无法以全部力量与我军交战。

所以我们要通过分析，来看穿敌方作战计划的优劣长短；我们要通过挑动，来掌握敌方的动静规律；我们要通过佯动，来摸清敌方所处地形的利与弊；我们要通过试探，来探明敌方兵力部署的虚实强弱。佯装运动的方法一旦运用到极其高妙的程度，就能让敌军看不出我军的形迹。敌人看不出我军的形迹，即使有深藏的间谍也无法探明我方的底细，即使再高明的对手也想不出对付我军的良策。我们根据敌情变化而灵活采取制胜的策略，即使把制胜的策略摆在众人面前，众人也只知其然而不知其所以然。他们只知道我军克敌制胜的方法，却怎么也弄不清我们是怎样运用这些方法克敌制胜的。我们每次战胜，都不会使用重复的法子，而是让战法适应不同的敌情，变化无穷。

用兵的规律像水，水的流动规律是避开高处而往低处走，用兵的规律则是避开敌人防备坚固之处而攻击其薄弱环节。水依据地势的高低而决定流向，作战则根据敌情的变化来制定取胜的方案。所以，用兵打仗，从来都没有一成不变的态势，就像水流没有固定不变的形态一样，能根据敌情变化而灵活取胜的将帅，就称得上用兵如神了。所以说，用兵的规律就像自然现象一样：五行相克，不可能固定不变；四季更迭，不可能一直停留在某个季节；白天有短有长，月亮有亏有盈。

〇七 军争篇

先知迂直之计者胜，此军争之法也。

孙子曰：凡用兵之法，将受命于君，合军聚众[1]，交和而舍[2]，莫难于军争[3]。军争之难者，以迂为直[4]，以患为利[5]。故迂其途，而诱之以利[6]，后人发，先人至[7]，此知迂直之计者也。

1 合军聚众：征集兵员，组成军队。
2 交和而舍：意为两军军门相对，处于对峙状态。和，和门，我国古代的军门称为和门。舍，止，停下住宿。
3 军争：在作战中，争取夺得制胜的有利条件。军，军事，这里指作战。
4 以迂为直：意为将迂回的道路变为直达的捷径。
5 以患为利：意为把不利条件转化为有利条件。
6 故迂其途，而诱之以利：是"诱之以利而迂其途"的倒装句，意为用小的利益去引诱敌人，使敌人走弯路。其、之，在这里均指敌人。
7 后人发，先人至：比敌军后出动，比敌军先到达战地。

故军争为利,军争为危。举军而争利则不及[1],委军而争利则辎重捐[2]。是故卷甲而趋[3],日夜不处[4],倍道兼行,百里而争利,则擒三将军[5],劲者先,疲者后,其法十一而至[6];五十里而争利,则蹶[7]上将军,其法半至;三十里而争利,则三分之二至。是故军无辎重则亡,无粮食则亡,无委积[8]则亡。

故不知诸侯之谋者,不能豫交[9];不知山林、险阻、沮泽之形者,不能行军;不用乡导[10]者,不能得地利。

故兵以诈立[11],以利动[12],以分合为变[13]者也。故其疾如风,其徐如林[14],侵掠[15]如火,不动如山,难知如阴[16],动如雷震,掠乡分众[17],廓地分利[18],悬权[19]而动。先知迂直之计者胜[20],此军争之法也。

1 举军而争利则不及:意为全军携带所有装备辎重去争夺先机之利,就会因行动迟缓而不能按时到达预定地点。举,全,尽。举军,带着所有装备辎重行动。
2 委军而争利则辎重捐:意为丢下装备辎重去争夺先机之利,装备辎重将会受到损失。委,抛弃,丢弃。捐,丢失,损失。
3 卷甲而趋:卷起盔甲急行军。卷甲,卷起盔甲。趋,快速前进。
4 处:停止。
5 倍道兼行,百里而争利,则擒三将军:意为日夜兼程,奔跑百里去争利,那么三军的将领就有被俘的危险。倍道,路程加倍。兼行,不停地行军。三将军,指上、中、下或左、中、右三军将领。擒,这里指被俘。
6 其法十一而至:意为用这种方法,只有十分之一的人能按时到达目的地。法,方法。十一,十分之一。
7 蹶:颠仆,跌倒,这里指挫败、受挫。
8 委积:储备物资。
9 豫交:与之结交。豫,通"与",参与。
10 乡导:向导。乡,通"向"。
11 兵以诈立:用兵打仗凭借诡诈手段获得成功。
12 以利动:根据是否对自己有利的原则来决定如何行动。
13 以分合为变:意为按照分散或集中兵力的方式来变换战术。分合,指兵力的分散和集中。
14 徐如林:用兵舒缓时像树林那样轻轻晃动。徐,舒缓。
15 侵掠:这里指攻城略地。
16 难知如阴:指隐蔽军情时要如乌云遮天蔽日一般让敌人无法察觉。
17 掠乡分众:指掳掠敌方的乡邑时应分兵行动。
18 廓地分利:指开疆拓土后,分兵扼守有利地形。一说占得敌国土地后分赏给有功者。廓,扩展,开拓。
19 悬权:悬挂秤砣,指权衡利弊。权,秤砣。
20 先知迂直之计者胜:率先了解和运用迂直之计的人取胜。

《军政》曰:"言不相闻[1],故为金鼓;视不相见,故为旌旗。"夫金鼓旌旗者,所以一人之耳目[2]也。人既专一,则勇者不得独进,怯者不得独退,此用众之法也。故夜战多火鼓,昼战多旌旗,所以变人之耳目[3]也。

1 言不相闻:作战时,以语言指挥,声音听不清楚。
2 一人之耳目:指统一士卒们的视听和行动。一,统一,一致。人,这里指士卒。
3 变人之耳目:意为适应士卒的耳目视听,一说为迷惑敌人的耳目视听。变,这里作"适应""便利"解。

鼓

金　　　　　　　　　旌旗

故三军可夺气[1]，将军可夺心[2]。是故朝气锐，昼气惰，暮气归[3]。故善用兵者，避其锐气，击其惰归，此治气[4]者也。以治待乱[5]，以静待哗[6]，此治心[7]者也。以近待远，以佚待劳，以饱待饥，此治力[8]者也。无邀正正之旗[9]，勿击堂堂之陈[10]，此治变[11]者也。

1 气：这里指士气。
2 心：这里指决心和意志。
3 朝气锐，昼气惰，暮气归：意为刚开战时士气饱满，过一段渐趋懈怠，最终完全衰竭。梅尧臣注："朝，言其始因也。昼，言其中也。暮言，其终也。"归，止息，这里指士气衰竭。
4 治气：掌握士气变化的规律。
5 以治待乱：用严谨有序的我军对付混乱不堪的敌军。治，整治。
6 哗：喧哗，这里指骚动不安。
7 治心：掌握心理特点。
8 治力：掌握战斗力情况。
9 无邀正正之旗：意为不要阻击旗帜严整、队列雄壮的敌军。邀，阻击。正正，齐整，雄壮。
10 勿击堂堂之陈：意为不要去攻击阵容强大、实力雄厚的敌军。堂堂，形容盛大。陈，同"阵"。
11 治变：掌握灵活应变的方法。变，机变。

故用兵之法，高陵勿向[1]，背丘勿逆[2]，佯北勿从[3]，锐卒[4]勿攻，饵兵勿食[5]，归师勿遏[6]，围师必阙[7]，穷寇勿迫[8]。此用兵之法也。

1 高陵勿向：意为对占据高地的敌军不要去仰攻。陵，高地，山头。向，这里指仰攻。
2 背丘勿逆：意为对背靠丘陵险阻的敌军不要去迎击。背，背靠。丘，山丘。逆，迎。
3 佯北勿从：意为对假装败逃的敌军不要去追击。佯，假装。北，败逃。从，跟从，这里指追击。
4 锐卒：这里指敌军中的精锐部队。
5 饵兵勿食：意为对充当诱饵的敌军不要理睬，不要去消灭。饵，诱饵。饵兵，敌军中的诱战部队。
6 归师勿遏：意为对正在退回本国的敌军不要去阻截。归师，返回的军队。遏，阻截，阻击。
7 围师必阙：意为包围敌军一定要给他们留一个缺口。阙，缺口。
8 穷寇勿迫：意为对陷入绝境的敌军不要过分逼迫。穷寇，陷入绝境的敌人。迫，逼迫。

孙子说：大凡用兵，规律是，从将领接受国君的命令，征集兵员组成军队，一直到两军对垒，这一过程中，没有比敌我双方争夺制胜先机之利更难的事了。争夺制胜的先机之利，难中之难莫过于把迂回的道路变为直达的捷径，从而把不利条件转化为有利条件。所以，我军要用小的利益去引诱敌人，使敌人多走些弯路，这样我军虽然出发在后，却能先于敌人抵达预定战场，这就是掌握了以迂为直的策略。

军队去争夺制胜先机，既有有利的一面，也有危险的一面。如果全军携带所有装备辎重去争夺先机之利，就会因行动迟缓而不能按时到达预定地点；如果丢下装备辎重，轻装上路去争夺先机之利，作战时能派上用场的装备辎重就会受到损失。如果卷起盔甲行军，日夜兼程，路程加倍奔跑百里去争夺先机之利，那么三军的将领就会有被俘的危险，健壮的士卒虽能先行赶到战场，疲惫的士卒却会落后掉队，所以这种方法的结果是，只有约十分之一的人马能按时到位；如果行军五十里去夺先机之利，先头部队的主将就会受挫，这种方法的结果是，只有约一半的士卒能按时到位；如果行军三十里去争夺先机之利，这种方法的结果是，只有约三分之二的人马能按时到位。而军队失去了武器装备，打起仗来就会失败；没有粮食供应，将士就无法生存；没有物资储备，战事也难以为继。

因此不了解诸侯列国的企图，则不要轻易与之结交；不熟悉山林、险阻和沼泽等地形，就不要轻易行军；不请向导，也很难得到地利。

用兵打仗要凭借诡诈手段来获得成功，要根据是否对自己有利的原则来决定如何展开具体行动，要按照分散或集中兵力的方式来适时变换战术。部队急行军时要如狂风呼啸而过，从容前进时要如森林徐徐晃动，攻城略地时要如烈火熊熊燃烧，按兵不动时要如大山岿（kuī）然屹立，隐蔽军情时要如乌云蔽日让敌人无法察觉，一旦出动就要如迅雷万钧使敌人不及掩耳。掳掠敌方乡邑时，要分兵数路行动；开疆拓土后，要分兵扼守有利地形；一切都要在权衡利弊后，根据实际情况相机而动。谁能率先了解和运用迂直之计，谁就会取得最终的胜利，这就是争夺先机之利的法则。

《军政》说:"在战场上用语言来指挥,难免听不清或听不见,所以设置了锣鼓;而动作指令,也难免看不清或看不见,所以设置了旌旗。"锣鼓、旌旗所传递的信息,可以统一士卒的视听和行动。统一行动后,勇敢的士卒不会独自前进,胆怯的士卒不会擅自退却,这就是指挥大部队作战的方法。所以,夜间作战时多用火把和锣鼓指挥,白天打仗时多用旌旗指挥,这是为了在不同环境中适应将士们的视听。

对于敌方军队,可以挫伤其锐气;对于敌方的将帅,可以动摇他的决心。通常情况下,刚开战时士气饱满,之后逐渐懈怠,最后完全衰竭。因此,善于用兵的将帅,敌军气锐时会避开,等到敌军士气衰竭时再命令出击,这就是"治气",即了解敌我双方士气变化的规律。用严整有序的我军来对付混乱不堪的敌军,用沉着镇定的我军来对付骚动不安的敌军,这就是"治心",即洞悉敌我双方的心理特点。以先行进入战场的我军来对付远道跋涉而来的敌军,以从容安逸的我军来对付仓促疲劳的敌军,以酒足饭饱的我军来对付饥肠辘辘的敌军,这就是"治力",即摸清敌我双方战斗力的情况。不去阻击旗帜严整、队列雄壮的敌军,不去攻击阵容强大、实力雄厚的敌军,这就是"治变",即掌握战时的随机应变之策。

　　所以，明智的用兵方法是：对于已经占据高地的敌军不要去仰攻，因为他们已拥有地利的优势，很难被攻破；对于背靠丘陵险阻的敌军不要去迎击，因为他们无路可退，势必激烈反抗；对于假装败逃的敌军不要去追击，因为他们很可能在半路上设置了陷阱；对于士气正旺的敌军不要去强攻，避其锋芒才能保存自己的实力；对于充当诱饵的敌军不要去理睬，一旦中计，损失惨重；对于正在退回本国的敌军不要去阻截，人怀归心，必能死战；对于已被包围的敌军要给他们留一个赖以突围的缺口，否则会激起他们死战的决心；对于已陷入绝境的敌军也不要过分逼迫，以免他们垂死挣扎。这些都是用兵的基本法则。

〇八 九变篇

> 智者之虑，必杂于利害。

孙子曰：凡用兵之法，将受命于君，合军聚众。圮地无舍[1]，衢地交合[2]，绝地无留[3]，围地则谋[4]，死地则战[5]。涂有所不由[6]，军有所不击[7]，城有所不攻，地有所不争，君命有所不受。

1 圮地无舍：意为在难于通行之地不要安营扎寨。圮地，指山林、险阻、沮泽等难以通行的地方。舍，这里指宿营。
2 衢地交合：意为在有多国相邻的交通要冲要加强外交。衢地，这里指与邻国相接四通八达的地方。交合，与其他诸侯国结交。
3 绝地无留：意为在险恶而难以生存的地方不要长时间停留。绝地，生存条件匮乏的地方。留，停留。
4 围地则谋：意为在易被敌人围攻的地方要以谋取胜。围地，是指四面地形险恶，易被包围的地方。谋，设谋，谋求。
5 死地则战：意为陷入死地时要奋战求生。死地，不能生存的地方，这里指面对强大敌军而又无路可逃的地方。
6 涂有所不由：意为部队行军时，有的道路不宜走。涂，通"途"，道路。
7 军有所不击：意为有的敌人不宜进行攻击。军，这里指敌军。

故将通于九变之地利者,知用兵矣[1];将不通于九变之利者,虽知地形,不能得地之利矣。治兵不知九变之术[2],虽知五利[3],不能得人之用[4]矣。

1 将通于九变之地利者,知用兵矣:意为将帅能通晓九种地形的灵活运用,就是懂得如何用兵。通,通晓。九变,九种地形变化,也有人认为,"九"非实指,而是"多"的意思。
2 术:方法,手段。
3 五利:指五变之利,具体指从"涂有所不由"到"君命有所不受"的五变之利。
4 得人之用:意为充分发挥部队的战斗力。人,这里指将士。用,作用,引申为战斗力。

是故智者之虑[1]，必杂于利害[2]。杂于利，而务可信[3]也；杂于害，而患可解[4]也。是故屈诸侯者以害[5]，役诸侯者以业[6]，趋诸侯者以利[7]。故用兵之法，无恃其不来，恃吾有以待也[8]；无恃其不攻，恃吾有所不可攻[9]也。

1 智者之虑：明智的将领思考问题。
2 杂于利害：意为思考问题时要兼顾利和害两个方面。杂，掺杂，混合。
3 务可信：意为作战任务可以完成。务，任务。信，通"伸"，这里引申为完成、成功。
4 患可解：指祸患可以解决。患，祸患。
5 屈诸侯者以害：意为以危害之事相加于敌国，迫使敌国屈服。屈，使……屈服。诸侯，这里指敌国。
6 役诸侯者以业：意为以烦劳之事相加于敌国，迫使敌国受我方驱使。役，役使，驱使。业，事。
7 趋诸侯者以利：意为以小利引诱敌国使之奔走。趋，奔走。
8 无恃其不来，恃吾有以待也：意为不要寄希望于敌军不来，而要依靠自己的防守。恃，依赖，依靠。其，代指敌军。有以待，有迎敌的准备。
9 不可攻：这里指我军不能被敌攻破。

故将有五危:必死[1],可杀也;必生[2],可虏也;忿速[3],可侮也;廉洁,可辱也;爱民[4],可烦也。凡此五者,将之过也,用兵之灾也。覆[5]军杀将,必以五危,不可不察也。

1 必死:意为一味死斗,有勇无谋。必,坚持,坚决。
2 必生:意为一味贪生。生,这里指贪生。
3 忿速:意为急躁易怒。忿,愤怒。速,这里指急躁。
4 爱民:这里指过于溺爱民众。
5 覆:覆灭。

孙子说：大凡用兵，规律是，将领接受国君的命令，征兵集结成军队后，一是在难以通行的地方不要安营扎寨，二是在与多国相毗邻的地方要加强结交，三是在险恶而难以生存的地方不要停留，四是在易被敌人围攻的地方要巧出奇谋以取胜，五是一旦陷入无路可退的地方则要奋战求生，六是有的道路不宜通行，七是有的敌军不宜攻击，八是有的城邑不宜占领，九是有的地方不宜争夺。如不合乎上述"九变"，即使是国君的命令，也可以不接受。

将帅能通晓九种机变的灵活运用，才算真正懂得用兵之道；将帅不能通晓九种机变的灵活运用，即使了解地形，也无法得到地形之利。指挥军队作战而不知道各种机变的方法，那么即使知道"五利"（有的道路不宜通行，有的敌军不宜攻击，有的城邑不宜占领，有的地方不宜争夺，国君有的命令可以不接受），也不能充分发挥部队的战斗力。

所以，明智的将领进行谋划时，总会兼顾利和害两个方面。在有利情况下考虑到不利的方面，趋利避害，就可以顺利完成作战任务；在不利情况下考虑到有利的方面，转危为安，祸患就可以解决。所以，我们要以危害之事相加于敌，使敌国不得不屈服；以烦劳之事相加于敌，使敌国不得不受我方驱使；以小利引诱于敌，使敌国禁不住奔走。所以用兵的法则是，不要寄希望于敌军不会来，而应依靠防守，严阵以待；不要寄望于敌军不会进攻，而要依靠坚固的防守，使自己牢不可破。

将帅有"五危"：一是一味死拼，就有被敌诱杀的危险；二是一味贪生，就有被敌俘虏的危险；三是急躁易怒，就有受到轻侮而轻举妄动的危险；四是过于廉洁惜名而死要面子，就有被敌侮辱而失去理智的危险；五是过于溺爱人民，就有被敌烦扰而无法顾及全局的危险。凡此五种，都是将帅易犯的过错，是用兵的危害。军队的覆灭、将帅的阵亡，都由这五种弱点所造成，将帅对此应有清醒的认知，不可以不警惕。

〇九 行军篇

○兵非益多也,惟无武进,足以并力、料敌、取人而已。

孙子曰：凡处军相敌[1]，绝山依谷[2]，视生处高[3]，战隆无登[4]，此处山之军也。绝水必远水[5]；客[6]绝水而来，勿迎[7]之于水内[8]，令半济[9]而击之，利；欲战者，无附于水而迎客[10]；视生处高，无迎水流[11]，此处水上之军也。绝斥泽[12]，惟亟去无留[13]；若交军于斥泽之中，必依水草而背众树[14]，此处斥泽之军也。平陆处易而右背高，前死后生[15]，此处平陆之军也。凡此四军之利[16]，黄帝之所以胜四帝[17]也。

1 处军相敌：意为部署、指挥军队，侦察、判断敌情。处军，处置军队，指挥军队行军、扎营、战斗等。相敌，指侦察敌情，判断敌情。
2 绝山依谷：意为穿越山地时要沿着山谷行进。绝，穿越。
3 视生处高：意为军队驻扎在居高向阳的地方。视，看，这里是面向的意思。生，这里指生地、向阳的地方。
4 战隆无登：指不要去仰攻占据高地的敌军。隆，这里指高地。
5 绝水必远水：指渡过江河后，要远离江河驻扎。
6 客：这里指进攻之敌。
7 迎：这里指迎战、迎击。
8 水内：这里指水边。杜牧注："水内乃汭也，误为内耳。"
9 济：渡河。
10 无附于水而迎客：意为不要在靠近江河之处迎击敌人。无，勿。附，毗邻。
11 无迎水流：意为不要驻扎在河的下游。
12 斥泽：盐碱沼泽地带。斥，盐碱地。
13 亟去无留：迅速离开，不要停留。亟，迅速。
14 依水草而背众树：意为要占领依傍水草、背靠树林的地方。
15 平陆处易而右背高，前死后生：意为在平原地带驻军，要选择地势平坦的地方，主要侧翼要背靠高处，前低后高。平陆，平原地带。易，平坦之地。右，古人以右为上，这里指军队的主要侧翼。死、生，这里分别指低地、高地。
16 四军之利：指按照如上原则在山地、河川、盐碱沼泽、平原四种地带行军打仗的好处。
17 黄帝之所以胜四帝：意为这就是黄帝能够战胜"四帝"的原因。黄帝，古华夏部落联盟首领，被尊为中华"人文初祖"。四帝，泛指黄帝时代四周的炎帝、蚩尤等部落联盟首领。

凡军好高而恶下[1],贵阳而贱阴,养生而处实[2],军无百疾,是谓必胜。丘陵堤防,必处其阳而右背之。此兵之利,地之助也。

上雨[3],水沫[4]至,欲涉者,待其定也。

1 凡军好高而恶下:意为大凡驻军总是喜好并选择高地,厌恶并避开洼地。军,指驻军。恶,厌恶。
2 养生而处实:意为军队扎营要选择靠近水草的地方,利于休养。养生,得到休养生息。处实,处于物质丰实之地。
3 上雨:河的上游下雨。上,指河流的上游。
4 水沫:河水的泡沫。河水起泡沫,水位可能急剧上涨,引发洪水。

凡地有绝涧、天井、天牢、天罗、天陷、天隙,必亟去之,勿近也。吾远之,敌近之;吾迎之,敌背之。军行有险阻、潢井[1]、葭苇[2]、山林、翳荟[3]者,必谨覆索之[4],此伏奸之所处也。

1 潢井:地势低陷、积水很多的地形。潢,积水池。
2 葭苇:芦苇。
3 翳荟:草木茂盛。
4 必谨覆索之:意为一定要谨慎地反复搜索。谨,谨慎。覆,反复。索,搜索。

天井　　　　　　　　　　　　绝涧

天罗　　　　　　　　　　　　天牢

天隙　　　　　　　　　　　　天陷

敌近而静[1]者,恃其险也;远而挑战者,欲人之进也;其所居易者,利也[2];众树动者,来也;众草多障者,疑[3]也;鸟起者,伏也;兽骇者,覆也[4];尘高而锐者,车来也;卑而广者,徒来也;散而条达[5]者,樵采[6]也;少而往来者,营军也[7]。

1 敌近而静:敌方靠近我军但能保持安静。
2 其所居易者,利也:意为敌军不居险要而居平地,是因为有利可图。易,平地。
3 疑:意为迷惑我军。
4 兽骇者,覆也:意为野兽受惊而跑,是敌军大举来袭。骇,惊骇,受惊。覆,这里指大举来袭。
5 散而条达:指尘土分散而断断续续。
6 樵采:砍柴。
7 少而往来者,营军也:飞尘稀少而此起彼落,是敌军在安营扎寨。

辞卑而益备者，进也[1]；辞强而进驱者，退也；轻车先出居其侧者，陈[3]也；无约而请和[4]者，谋也；奔走而陈兵车者，期[5]也；半进半退者，诱也；杖而立[6]者，饥也；汲而先饮[7]者，渴也；见利而不进者，劳也；鸟集者，虚也；夜呼者，恐也；军扰者，将不重也；旌旗动者，乱也；吏怒者，倦也；粟马肉食[8]，军无悬甀[9]，不返其舍者，穷寇也；谆谆翕翕[10]，徐与人言者，失众也；数赏者，窘也；数罚者，困也；先暴而后畏其众者，不精之至也[11]；来委谢[12]者，欲休息也。兵怒而相迎，久而不合，又不相去，必谨察之。

1 辞卑而益备者,进也:意为敌方使者措辞谦逊却正在加紧战备的,是要向我军进攻。辞,措辞。卑,谦逊。益,加强。
2 辞强而进驱:意为措辞强硬,佯装驱军进攻。驱,逼迫。
3 陈:同"阵",这里指布阵。
4 无约而请和:敌军没有陷入困境却主动请和。约,屈困,受制。
5 期:期求,期待,这里指期待与我军交战。
6 杖而立:指倚靠着武器站立。
7 汲而先饮:指敌人从井里打水,急着自己先喝。
8 粟马肉食:意为用粮食喂马,杀牲口吃肉。粟,粮谷,这里用作动词。
9 军无悬瓿:指军中的饮具都被收拾起来了。瓿,同"缶",泛指饮具。
10 谆谆翕翕:指士兵们聚在一起不安地窃窃私语的样子。
11 先暴而后畏其众者,不精之至也:意为先对士兵粗暴后又畏惧士兵的,是将领太不精明了。
12 委谢:指敌人派使者前来送礼言好。委,送礼。谢,道歉,谢罪。

兵非益多也,惟无武进,足以并力、料敌、取人而已[1]。夫惟无虑而易[2]敌者,必擒于人。卒未亲附而罚之,则不服[3],不服则难用也。卒已亲附而罚不行,则不可用也。故令之以文,齐之以武,是谓必取[4]。令素行以教其民[5],则民服;令不素行以教其民,则民不服。令素行者,与众相得[6]也。

1 惟无武进,足以并力、料敌、取人而已:意为只要不轻敌冒进,并能集中兵力,判明敌情,就足以战胜敌人了。惟,只要。武进,指恃武冒进。并力,集中兵力。料敌,判断敌情。取人,战胜敌人。
2 易:这里指轻视、蔑视。
3 卒未亲附而罚之,则不服:意为将帅在士卒尚未亲近依附时,就贸然处罚士卒,士卒当然不服。
4 故令之以文,齐之以武,是谓必取:意为要恩威并济,用"文"的怀柔手段去引导士卒,用"武"的法纪规章来约束士卒,这样的军队必能取得胜利。令,教令,教育。文、武,曹操注:"文,仁也。武,法也。"齐,规范,约束。
5 令素行以教其民:意为平时一贯认真执行军纪军法来管教士卒。素,平素,向来。素行,指一贯认真执行。
6 与众相得:这里是指与部下相互取得信任,关系融洽。得,亲和。

孙子说：凡是部署、指挥军队，侦察、判断敌情，都应遵循以下四个处置原则：一、穿越山地时，要沿着溪谷行进，因其地形相对平坦，有水草之利，且便于隐蔽；扎营要选在居高向阳的地方，因其地形险要，易守难攻，且视野开阔，干爽宜人；敌人占据高地时不要正面仰攻，因其有地利之助，难以攻破，俯冲而来时也难以抵挡。这是在山地行军作战的处置原则。二、渡过江河后，要远离江河驻扎，以免陷入背水作战的危局；如果敌军渡河来战，千万不要在水边迎击，而要等到他们渡过一半时，首尾不能相接，发起攻击才比较有利；如果要与敌军交战，也不要紧靠水边列队迎击；在江河地带扎营，也要居高向阳，切勿选在敌军下游的低凹处，这是在江河地带行军作战的处置原则。三、通过盐碱沼泽地带时，因其既少水草，又无粮食，要迅速离开，不宜停留；如在盐碱沼泽地带与敌军遭遇，则要占领依傍水草、背靠树林的阵地。这是在盐碱沼泽地带行军作战的处置原则。四、在平原地带驻扎，要选在平坦开阔的地方；主要侧翼要背靠高处，前低后高，既便于观察，也利于出击。这是在平原地带行军作战的处置原则。以上四种处军原则的好处，正是黄帝之所以能够战胜"四帝"的原因。

凡是驻军，都是喜高地，厌洼地，重向阳，避阴湿，扎营要选择靠近水草而又粮道通畅的地方，利于人马休养生息和军需供应，将士百病不生，军队就有了制胜的保证。在丘陵堤坝宿营，也必须驻扎在向阳的一面，并将主要侧翼背靠高处。这些利于作战的条件，都得益于地形的辅助。遇到上游下雨，水沫漂来，要提防山洪突至，若想渡河，必须等到水流平缓之后再渡。

凡是遇到"绝涧"（两侧山谷深峻、水流其间的地形）、"天井"（四周高峻、犹如深井的地形）、"天牢"（三面绝壁易进难出、犹如牢狱的地形）、"天罗"（草茂林密、犹如罗网的地形）、"天陷"（地势低洼、泥泞易陷的地形）、"天隙"（高山壁立、谷道狭窄的地形），要赶快避开，不要靠近。我军要远离这六类不利地形，而让敌军去靠近；我军要面向这六类地形，而让敌军去背靠。在两旁险峻的隘路、水草丛生的洼地、草木繁茂的山林行军时，一定要谨慎搜索，因为这些地方都很容易隐藏伏兵和奸细。

敌军离我方很近还能保持安静，是自恃其占据的地形险要；敌军离我方很远仍不断前来挑战，是想引诱我方入其圈套；敌军不居险要之地而居平地，是因为有利可图。许多树木无风而晃动，是有敌军隐蔽袭来；草丛中设置了众多障碍物，是敌军布下疑阵迷惑我方；鸟雀受惊而飞，是下面埋有伏兵；野兽受惊而跑，是敌军大举来袭；飞尘高而尖，是敌军的战车出动；飞尘低而广，是敌军的步卒开来；飞尘分散而断断续续，是敌军在伐木砍柴；飞尘稀少而此起彼落，是敌军在安营扎寨。

敌军使者措辞谦逊而其军队却在加紧战备，是要向我方进攻；敌方使者措辞强硬而其军队也在向我方进逼，是要准备撤退；敌军战车先出动并部署至侧翼，是在排兵布阵；敌军还没陷入困境却主动向我方请和，必是阴谋诡计；敌军急速奔走而摆开兵车列阵的，是想与我方交战；敌军半进半退，是在引诱我方；敌人倚着兵器站立，是他们已饿得揭不开锅；敌人从井里打水而急于先饮，是他们已渴得嗓子冒烟；敌人见利而不前来夺取，是疲劳过度；敌营有飞鸟停集，说明营内已空虚无人；敌营夜间有人惊呼，说明敌军有恐慌情绪蔓延；敌营纷乱无序，是其将帅毫无威严可言；敌军旌旗乱动，是其队伍混乱所致；敌军将士躁怒，是已困倦不堪；敌人用粮食喂马，杀牲口吃肉，收起炊具，不返回营舍，是已走到穷途末路；士卒聚在一起不安地窃窃私语，是将领不得人心，难以约束部属；敌方再三犒赏士卒，是其处境窘迫，一筹莫展；敌方一再重罚部属，是已陷入困境，束手无策；敌将先对士卒粗暴而后又畏惧士卒，是其太不精明，不会带兵；敌军派使者向我方送礼言好，是想休兵息战；敌军盛怒而来，既不与我方交战，也不撤退，必须细致观察，弄清其企图。

打起仗来，兵力也并非越多越好，只要不轻敌冒进，能集中兵力，并判明敌情，就足以战胜敌人了。没有深谋远虑而又轻敌妄动的将帅，势必成为敌军的俘虏。将帅在士卒尚未亲近依附时，动不动就贸然处罚士卒，士卒当然不服，这样也就难以驱使他们去作战了；如果士兵已经亲近依附但不严格执行军纪军法，这样的士卒也是不能用来作战的。所以要恩威并济，用"文"的怀柔手段去引导士卒，用"武"的法纪规章来约束士卒，这样的军队必能取得胜利。只要平时能认真执行军纪军法来管教士卒，士卒就会养成坚决服从的习惯；如果平时不认真执行军纪军法来管教士卒，士卒就会养成不服从的习惯。军纪军法能一贯得以认真执行，是由于将帅与部下相互取得信任，上下级关系融洽。

一○ 地形篇

○ 知彼知己,胜乃不殆;知天知地,胜乃不穷。

孙子曰：地形有通者，有挂者，有支者，有隘者，有险者，有远者。我可以往，彼可以来，曰通。通形者，先居高阳[1]，利粮道，以战则利[2]。可以往，难以返，曰挂。挂形者，敌无备，出而胜之[3]；敌若有备，出而不胜，难以返，不利。我出而不利，彼出而不利，曰支。支形者，敌虽利我[4]，我无出也；引而去之[5]，令敌半出而击之，利。隘形者，我先居之，必盈之以待敌[6]；若敌先居之，盈而勿从[7]，不盈而从之。险形者，我先居之，必居高阳以待敌；若敌先居之，引而去之，勿从也。远形者，势均，难以挑战，战而不利。凡此六者，地之道[8]也，将之至任[9]，不可不察也。

1 高阳：地势高而朝向阳的地方。
2 利粮道，以战则利：选择利于保持粮道通畅的地方作战则有利。
3 出而胜之：意为出战可以取得胜利。出，出战。
4 敌虽利我：意为敌军即使以利益为诱饵来引诱我军。
5 引而去之：这里指率部假装离开。引，带领。去，离去。
6 盈之以待敌：意为用充足的兵力封锁隘口，以等待敌军前来进攻。盈，充盈，充实。
7 从：跟从，这里引申为进攻。
8 地之道：这里是指用兵打仗时利用地形的原则。
9 将之至任：作为将领最大的责任。至，最，极。

故兵有走者，有弛者，有陷者，有崩者，有乱者，有北者。凡此六者，非天之灾，将之过也。夫势均，以一击十[1]，曰走；卒强吏弱[2]，曰弛；吏强卒弱，曰陷；大吏怒而不服[3]，遇敌怼而自战[4]，将不知其能[5]，曰崩；将弱不严[6]，教道不明[7]，吏卒无常[8]，陈兵纵横[9]，曰乱；将不能料敌，以少合众，以弱击强，兵无选锋[10]，曰北。凡此六者，败之道也，将之至任，不可不察也。

1 夫势均，以一击十：意为双方能力和客观条件相当，我方却以一成兵力去对付敌方十倍于我方的兵力。
2 卒强吏弱：士兵强悍，将领怯弱。
3 大吏怒而不服：部将怨怒而不服从指挥。大吏，部将，曹操注："大吏，小将也。"
4 遇敌怼而自战：遇到敌人时因怨愤而擅自出战。怼，怨恨。
5 将不知其能：主将不了解部将的才能。
6 将弱不严：将帅懦弱，管理军队不严格。
7 教道不明：意为训练教育不清楚明白，没有章法。教，这里指训练、教育。
8 无常：这里指将领与士卒的关系混乱无序。
9 陈兵纵横：意为排兵布阵杂乱无章。陈，同"阵"，指作战排列的队形。
10 兵无选锋：意为打仗时没有挑选精锐部队为先锋。

夫地形者，兵之助[1]也。料敌制胜，计险厄远近[2]，上将[3]之道也。知此而用战者必胜，不知此而用战者必败。故战道必胜[4]，主[5]曰无战，必战可也；战道不胜，主曰必战，无战可也。故进不求名，退不避罪，唯人是保[6]，而利合于主[7]，国之宝也。

1 兵之助：用兵打仗的辅助条件。兵，指用兵打仗。
2 计险厄远近：意为考察地形的险要，计算路途的远近。
3 上将：贤能、高明、上乘的将领。
4 战道必胜：意为根据战场情况和战争规律分析后认为有必胜的把握。战道，指战场情况和战争规律。
5 主：君主，国君。
6 唯人是保：意为只求保全百姓。人，这里指百姓、民众。保，保全。
7 利合于主：意为符合、满足国君的利益。合，这里指适合、符合。

视卒如婴儿，故可与之赴深谿[1]；视卒如爱子，故可与之俱死。厚而不能使[2]，爱而不能令[3]，乱而不能治，譬若骄子，不可用也。

---

1 可与之赴深谿：意为士卒可以与将帅共赴患难。之，这里指将帅。深谿，这里指危险地带。
2 厚而不能使：意为厚待士卒却不能驱使他们。厚，厚待，这里指厚待士卒。
3 爱而不能令：意为疼爱士卒却不能使他们听从命令。

知吾卒之可以击[1],而不知敌之不可击,胜之半也[2];知敌之可击,而不知吾卒之不可以击,胜之半也;知敌之可击,知吾卒之可以击,而不知地形之不可以战,胜之半也。故知兵者,动而不迷[3],举而不穷[4]。故曰:知彼知己,胜乃不殆;知天知地,胜乃不穷[5]。

1 知吾卒之可以击:了解自己的军队可以作战。
2 胜之半也:胜败的可能性各占一半。
3 动而不迷:意为行动起来思路清晰,不会迷惑。
4 举而不穷:意为举措变化无穷。
5 胜乃不穷:意为胜利接连不断,无穷无尽。

孙子说：地形有通、挂、支、隘、险、远六类。一、敌我双方都可以来去的地形，叫作"通"。在通形地带，应抢先占据地势高而向阳的地方，并保持粮道畅通，这样与敌人作战才有利。二、虽可前往，却难返回的地形，叫作"挂"。在挂形地带，敌人在没有防备的情况下，可以出击战胜他们；如果敌军已有防备，出击就不能取胜，且难以返回，对我军极其不利。三、敌我双方出击都不利的地形，叫作"支"。在支形地带，即使敌人以再大的利益诱惑我军，也不要直接出击；最好是率部假装离去，诱使敌军前出一半时，我军再猛杀回马枪，这样才有利。四、在狭窄险要的"隘"形地带，如果我军先敌占据，就要用重兵封锁隘口，等待敌军来进攻；如果敌军已先占据，以重兵把守，那我方就要撤军，不要硬往刀口上撞；若敌人没用重兵封锁隘口，我军就要攻取它。五、在高峻难行的"险"形地区，如果我军先敌占领，要占据地势高而向阳的地方待击敌人；

如果敌人已先占领，那么我军就知难而退，不要进攻。六、在敌我营垒相距较远的"远"形地带，双方势均力敌时不宜挑战，强行出战，于我不利。以上六点，是在各种地形作战的原则；这是将帅的重要责任，不可不认真考察研究。

军队失败，有走、弛、陷、崩、乱、北等六种情况。在这六种情况下失败，不是由于天灾，而是将帅的过失所致。在敌我能力和外部条件相当的情况下去攻击十倍于我的敌人，叫作"走"。士卒强悍但将帅懦弱，叫作"弛"。将帅强悍但士兵怯弱，叫作"陷"。部将怨怒而不服从将帅，遇到敌人愤然擅自出战，主将不了解他的能耐，叫作"崩"。主将懦弱，缺乏威严，教导不明智，将领与士卒的关系混乱无序，排兵布阵杂乱，叫作"乱"。将帅不能正确判断敌情，以少击多，以弱击强，且没有挑选精锐部队为先锋，叫作"北"。以上六种情况，都是导致军队失败的原因，这是将帅的重大责任，不可不认真分析研究。

地形是用兵的辅助条件。判断敌军情况，制定取胜策略，考察地形的险要和路途的远近，是贤能将帅必须掌握的方法。懂得并运用这些道理去指挥作战，必定胜利；不懂得这些道理、不运用它们去指挥作战，注定会失败。所以，如果根据战场情况和战争规律分析，有必胜的把握，即使国君命令不要出战，也可以出战；如果根据战场情况和战争规律分析，确无胜利的把握，即使国君命令出战，也不要出战。将帅应该进不贪求功名，退不回避罪责，只求保全百姓的生命财产安全，符合国君的利益，这样的将帅才是国家最宝贵的财富。

如果将帅能像关心婴儿一样关心士卒，士卒就可以与将帅共赴患难；如果将帅能像体贴爱子一样体贴士卒，士卒就可以与将帅同生共死。但如果厚待士卒却不能驱使他们，疼爱士卒却不能使之听从命令，违法乱纪也不予以惩治，这就好比娇惯的孩子，是上不了战场的。

只了解我军士卒能出击，而不了解敌人不易攻击，取胜的可能性就只有一半；只了解敌人可以攻击，而不了解我军士卒不能出击，取胜的可能性也只有一半；了解敌人可以战，也了解我军士卒能出击，而不了解因受地形条件限制而不利于出战，取胜的可能性仍然只有一半。所以，真正懂得用兵的将帅，既要做到行为绝不迷惑，又要做到举措变化无穷。所以说：既了解敌方又了解我方，就可以立于不败之地，且能避免危险；既了解天时又了解地利，胜利就会接连不断，无穷无尽。

○ 践墨随敌，以决战事。

（一）

九地篇

孙子曰：用兵之法，有散地，有轻地，有争地，有交地，有衢地，有重地，有圮地，有围地，有死地。诸侯自战其地，为散地[1]。入人之地而不深者，为轻地[2]。我得则利，彼得亦利者，为争地[3]。我可以往，彼可以来者，为交地。诸侯之地三属[4]，先至而得天下之众[5]者，为衢地。入人之地深，背城邑多者，为重地。行山林、险阻、沮泽，凡难行之道者，为圮地。所由入者隘，所从归者迂，彼寡可以击吾之众者，为围地。疾战则存，不疾战则亡者，为死地。是故散地则无战，轻地则无止，争地则无攻，交地则无绝，衢地则合交，重地则掠，圮地则行，围地则谋，死地则战。

1 诸侯自战其地，为散地：意为诸侯在自己的领地上与敌军作战，因战场离家较近，士卒容易逃散、逃归，这样的地区叫作散地。
2 入人之地而不深者，为轻地：意为军队在进入敌境不深的地区作战，士卒离本土不远，危急时易于轻返，这样的地区叫作轻地。曹操注："士卒皆轻返也。"
3 我得则利，彼得亦利者，为争地：我军得到有利，敌军得到也有利的地区，叫作争地。
4 三属：意为与多国接壤。三，泛指众多。属，毗邻，接壤。
5 得天下之众：得到诸侯援助。杜牧注："天下，犹言诸侯也。"

所谓古之善用兵者，能使敌人前后不相及[1]，众寡不相恃[2]，贵贱[3]不相救，上下不相收[4]，卒离而不集[5]，兵合而不齐[6]。合于利而动，不合于利而止。敢问："敌众整而将来，待之若何？"曰："先夺其所爱，则听矣[7]。"兵之情主速[8]，乘人之不及[9]，由不虞之道[10]，攻其所不戒[11]也。

1 前后不相及：意为前军与后军不能相互照应。及，涉及，牵连，这里指照应。
2 众寡不相恃：意为主力与小部队不能相互依靠。众、寡，分别指大部队、小部队。
3 贵贱：贵、贱，这里分别指军官、士卒。
4 上下不相收：意为上级下级隔断无法联系。收，合拢，聚集。
5 卒离而不集：士卒离散而无法集结。
6 兵合而不齐：士卒集合但不整齐统一。
7 先夺其所爱，则听矣：意为先夺取敌人最重视的要害之处，敌人就会被迫听任我军摆布了。爱，这里引申为要害、关键。听，听从。
8 兵之情主速：意为用兵的关键在于行动迅捷。情，情理，这里引申为关键。主，重在，要在。
9 不及：措手不及。
10 由不虞之道：这里指我军走敌人意料不到的道路。由，经过。虞，意料。
11 戒：防备，戒备，警戒。

凡为客之道[1]：深入则专[2]，主人不克[3]；掠于饶野，三军足食；谨养而勿劳[4]，并气积力[5]；运兵计谋，为不可测[6]。投之无所往[7]，死且不北，死焉不得，士人尽力[8]。兵士甚陷则不惧[9]，无所往则固[10]，深入则拘[11]，不得已则斗。是故其兵不修而戒[12]，不求而得，不约而亲[13]，不令而信[14]，禁祥去疑，至死无所之[15]。吾士无余财，非恶货也；无余命，非恶寿也[16]。令发之日，士卒坐者涕沾襟，偃卧者涕交颐[17]。投之无所往者，诸、刿之勇也[18]。

1 为客之道：意为离开本土进入敌国境内作战的规律。客，客军，指进入敌国境内作战的军队。
2 深入则专：这里指军队越是深入敌境，军心就越凝聚。专，专心，齐心。
3 主人不克：意为在自己本土作战的敌军不能战胜我军。主人，这里指在自己本土作战的军队。
4 谨养而勿劳：意为注重做好部队的休整，不要使其过于疲劳。谨，注意，注重。养，休整。

5 并气积力：意为鼓舞士气，积蓄力量。并，合，这里引申为集中。积，积蓄。

6 为不可测：意为使敌人无法判断我军意图。

7 投之无所往：意为把部队置于无路可走的境地。投，投放，置于。

8 死焉不得，士人尽力：意为既然士卒死都不怕，那又怎能不全力奋战取胜呢？

9 兵士甚陷则不惧：意为士卒深陷危地就无所畏惧。甚，很，非常。

10 固：稳固，这里指军心稳固。

11 拘：拘束，束缚，这里引申为人心专一，相互依附。

12 不修而戒：意为不待整治就懂得戒备。修，整治。

13 不约而亲：不加约束也能亲近团结。约，约束。亲，亲近，团结。

14 不令而信：意为不必严令也能信守纪律。信，信守。

15 禁祥去疑，至死无所之：意为禁止占卜迷信，消除士卒疑虑，他们就至死也不退却。祥，吉凶的预兆。去疑，消除疑虑。之，往，逃走。

16 吾士无余财，非恶货也；无余命，非恶寿也：意为我军士卒为了轻装上阵而舍弃多余的财物，并不是他们厌恶财物；为了取得胜利而不惜捐躯，并不是他们不想长寿。余，多余。恶，厌恶。货，财物。寿，这里指长寿。

17 士卒坐者涕沾襟，偃卧者涕交颐：意为坐着的士卒泪沾衣襟，躺着的士卒泪流满面。涕，眼泪。襟，衣襟。偃，仰倒。颐，面颊。

18 诸、刿之勇也：意为像专诸、曹刿那样的勇敢。诸，专诸，春秋时吴国的勇士。刿，曹刿，春秋时鲁国的谋士。

故善用兵者,譬如率然;率然者,常山[1]之蛇也。击其首则尾至,击其尾则首至,击其中则首尾俱至。敢问:"兵可使如率然乎?"曰:"可。"夫吴人与越人相恶也,当其同舟而济,遇风,其相救也如左右手。是故方马埋轮,未足恃也[2];齐勇若一,政之道也[3];刚柔皆得,地之理也[4]。故善用兵者,携手若使一人[5],不得已也。

1 常山:恒山。西汉时为避汉文帝刘恒的"恒"字,改成常山。
2 方马埋轮,未足恃也:意为把马匹并排绑在一起,将车轮深埋固定起来,用这样的方法来稳定军队、防止士卒逃散,是肯定靠不住的。方,并,比。恃,依赖,依靠。
3 齐勇若一,政之道也:意为全军上下齐心勇敢奋战如同一人,靠的是将帅治军有方。齐,齐心协力。政,治理,管理。
4 刚柔皆得,地之理也:意为或强或弱的士卒都能发挥战斗力,在于对地形的利用得当。刚柔,强弱。
5 携手若使一人:意为使全军士卒携手团结如同一人。

率然

方马埋轮

将军之事[1]：静以幽，正以治[2]。能愚士卒之耳目，使之无知[3]。易其事，革其谋，使人无识[4]；易其居，迂其途，使人不得虑[5]。帅与之期，如登高而去其梯[6]；帅与之深入诸侯之地，而发其机[7]，焚舟破釜[8]，若驱群羊，驱而往，驱而来，莫知所之。聚三军之众，投之于险[9]，此谓将军之事也。九地之变，屈伸之利[10]，人情之理，不可不察。

1 将军之事：指在指挥军队这种事情上。将，指挥。
2 静以幽，正以治：意为镇静而深谋远虑，严正而有条不紊。静，镇静。幽，幽深。正，严正。治，治理，有条理。
3 能愚士卒之耳目，使之无知：这里指蒙蔽士卒耳目，使他们对具体作战计划毫无所知。愚，蒙蔽。
4 易其事，革其谋，使人无识：意为战法常变，计谋常新，使人无法识破机关。易，变更。事，事情，这里指战法。革，改变。谋，计谋。
5 易其居，迂其途，使人不得虑：意为不断变换驻地，故意迂回前进，使人无法推断意图。居，驻地。迂，迂回。虑，图谋。
6 帅与之期，如登高而去其梯：意为将帅赋予部队任务要像登高而抽去梯子一样，断其退路。期，约定时间。与之期，与部队约定赴战，意为向部队赋予任务。
7 帅与之深入诸侯之地，而发其机：意为主帅统领士卒深入诸侯国土要像击发弩机射出箭矢一样一往无前。发，击发。机，弩机。
8 焚舟破釜：烧掉船只，砸烂饭锅，指义无反顾。
9 聚三军之众，投之于险：聚集全军士卒，置其于危险境地，使他们拼死奋战。
10 九地之变，屈伸之利：指各种地形条件下的灵活应变，攻防进退的利害得失。屈伸，攻防进退。

凡为客之道：深则专，浅则散。去国越境而师者，绝地也[1]；四达者，衢地也；入深者，重地也；入浅者，轻地也；背固前隘者，围地也；无所往者，死地也。是故散地，吾将一其志[3]；轻地，吾将使之属[4]；争地，吾将趋其后[5]；交地，吾将谨其守[6]；衢地，吾将固其结[7]；重地，吾将继其食[8]；圮地，吾将进其涂[9]；围地，吾将塞其阙[10]；死地，吾将示之以不活[11]。故兵之情，围则御[12]，不得已则斗，过则从[13]。

死地

1 去国越境而师者,绝地也:离开本国,越入敌国作战的所在地区,叫绝地。
2 背固前隘:背靠险要地形,前方狭窄。
3 散地,吾将一其志:意为在散地我军要使士卒专心一致。一,统一。
4 使之属:这里指营阵部署相连。属,连续,相连。
5 趋其后:意为催促后续部队迅速跟上。
6 谨其守:谨慎防守。
7 固其结:这里指巩固与各诸侯国的外交关系。
8 继其食:这里指补充粮草。继,继续,这里引申为补充。
9 进其涂:迅速通过。涂,通"途",路途,道路。
10 塞其阙:堵塞缺口。阙,缺口。
11 示之以不活:意为我军要向敌军显示死战的决心。
12 围则御:指军队被敌包围就会顽强抵御。
13 不得已则斗,过则从:意为迫不得已就会拼死战斗,处于危境就会听从指挥。过,过了一定程度,这里指陷入危亡之境。

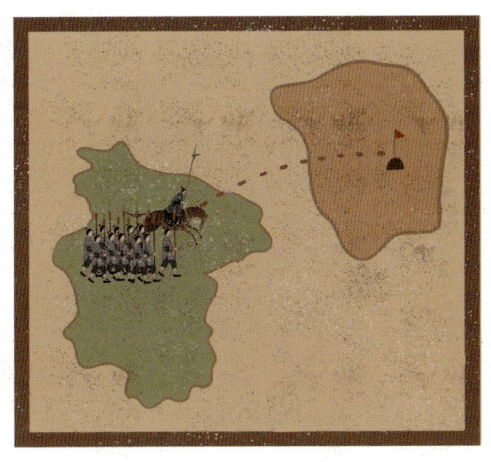

绝地

衢地

圮地

围地

是故不知诸侯之谋者，不能豫交；不知山林、险阻、沮泽之形者，不能行军；不用乡导者，不能得地利[1]。四五者，不知一，非霸王之兵也[2]。夫霸王之兵，伐大国，则其众不得聚[3]；威加于敌，则其交不得合[4]。是故不争天下之交[5]，不养天下之权[6]，信己之私[7]，威加于敌，故其城可拔，其国可隳[8]。施无法之赏，悬无政之令[9]，犯三军之众，若使一人[10]。犯之以事，勿告以言[11]；犯之以利，勿告以害[12]。投之亡地然后存，陷之死地然后生[13]。夫众陷于害，然后能为胜败[14]。故为兵之事，在于顺详敌之意[15]，并敌一向[16]，千里杀将，此谓巧能成事者也。

1 "故"至"不能得地利",已见于《军争篇》。
2 四五者,不知一,非霸王之兵也:意为这几个方面有一样不了解,就不能算是霸王的军队。四五者,指上面说的这几个方面。
3 则其众不得聚:这里指敌国其军民来不及动员和集中。
4 威加于敌,则其交不得合:威压加在敌人头上,可使其不敢与别国结交。
5 不争天下之交:意为不必争着和天下诸侯结交。
6 不养天下之权:意为不必在别国培植自己的势力。
7 信己之私:意为施展自己的意图。信,同"伸",施展。
8 其国可隳:可以摧毁敌人的国都。国,这里指国都。隳,摧毁。
9 施无法之赏,悬无政之令:意为施行超出法定的奖赏,颁布打破常规的号令。无法,指不合常法、超出法定。悬,颁布。无政,不合常规、打破常规。
10 犯三军之众,若使一人:意为指挥全军将士时就像指挥一个人一样。犯,指挥。
11 犯之以事,勿告以言:意为指挥士卒作战而不告诉他们作战意图。之,指士卒。事,这里指作战。言,谋略,意图。
12 犯之以利,勿告以害:意为驱使士卒执行任务时只对士卒说明有利的条件,而不指出危险的因素。
13 投之亡地然后存,陷之死地然后生:意为把士卒投入危地才能转危为安,使士卒陷入死地反而能起死回生。
14 夫众陷于害,然后能为胜败:意为把军队置于绝境才能取胜。害,害处,绝境。胜败,指取胜。
15 顺详敌之意:意为假装顺从敌人而查知敌人的战略意图。顺,这里指假意顺从。详,审查。
16 并敌一向:集中兵力,朝敌人的某一个方向进攻。

是故政举之日[1]，夷关折符[2]，无通其使[3]；厉于廊庙之上，以诛其事[4]。敌人开阖[5]，必亟入之。先其所爱，微与之期[6]。践墨随敌，以决战事[7]。是故始如处女，敌人开户[8]，后如脱兔，敌不及拒[9]。

1 政举之日：意为决定战争行动的时候。政，这里指战争行动。举，决定。
2 夷关折符：意为封锁关口，废除通行符证。夷，削平，这里引申为封锁。折，折断。
3 无通其使：指禁止敌国的使节往来。使，使节。
4 厉于廊庙之上，以诛其事：意为在庙堂上反复研究，制定作战计划。厉，通"砺"，这里指反复研究。诛，治。廊庙，庙堂。
5 敌人开阖：意为发现敌人有隙可乘。阖，门扇。
6 微与之期：不要同敌人约定交战时间。微，无。之，这里指敌人。期，约期。
7 践墨随敌，以决战事：意为既要遵守作战的规律，也要随着敌情的变化而灵活采取适宜的战术。践，实践。墨，木工的木线、绳线。践墨，指有规矩、原则。
8 始如处女，敌人开户：意为战争开始要像处女一样沉静，不露声色，诱使敌人放松戒备。开户，指放松戒备。
9 拒：抗拒，抵抗。

译文

孙子说：根据用兵的法则，战地大致可分为散地、轻地、争地、交地、衢地、重地、圮地、围地、死地等九类。诸侯在自己领地与敌作战的地区，叫作散地；进入敌境不深的地区，叫作轻地；我军得到有利，敌军得到也有利的地区，叫作争地；我军和敌军都可以来的地区，叫作交地；与多个诸侯国接壤，先到就能够得到诸侯国援助的地区，叫作衢地。深入敌境，穿过敌国许多城邑的地区，叫作重地；山林、险阻、沼泽等通行困难的地区，叫作圮地；进军之道狭窄，退兵之路迂折，敌人用小部队就能击败我大部队的地区，叫作围地；速战则能存活，作战时间长就会败亡的地区，叫作死地。因此，在散地，不宜作战，士卒容易逃归；在轻地，不宜停留，应加速前进，使士卒彻底断绝逃归之念；对争地，不宜强攻，因为敌军已做了充分的准备；过交地，部队首尾不能断绝，以免相互不能策应；来衢地，应加强外交，取得诸侯国的支援；深入重地，应掠夺粮草物资，用以弥补跨境作战后勤供给的不足；走到圮地，应快速通过，防止遭敌伏击；陷入围地应巧设计谋，方可脱险；处于死地则应殊死一战，才有生的希望。

从前那些善于用兵打仗的将帅，都能使敌人前后部队不能相互策应，主力与小部队不能相互依靠，官兵不能相互救援，上下隔断无法联系，士卒溃散无法集合，就算能集合也无法整齐统一。发现对我军有利就及时展开相应行动，发现对我军不利就坚决停止相关行动。试问："如果敌军众多而且阵势齐整地向我军进攻，该如何对付它呢？"回答是："先夺取敌人最倚重的要害之处，敌人就会被迫听任我军摆布了。"用兵的关键，在于行动迅捷，要在敌人措手不及时，走敌人意料不到的路径，攻击敌人不加戒备的地方。

凡是在敌国境内作战，一般的规律是：军队越是深入敌境，军心就越凝聚，敌军也因此就越难战胜我；之后，在富饶的田野上夺取粮草，使全军得到充足的给养；接着注重做好部队的休整，不要使士卒过于疲劳，保持锐气，积蓄力量；进一步做好用兵的计划，精心设计作战谋略，使敌人无法判断我军下一步的计划。把军队置于无路可走的境地，士卒就会宁死不退；既然他们死都不怕，又怎能不全力奋战英勇杀敌而取胜呢？深陷危地后反而无所畏惧，无路可退时反而军心稳固，这是因为深入了敌境，士卒们相互依附而不涣散，为了求生，迫不得已只能决一死战。因此，这样的军队不待整治就懂得加强对敌人的戒备，不需强求就有坚韧的战斗意志，不加约束也能亲近团结，不必严令也能始终信守纪律。禁止占卜等迷信行为，打消掉士卒的疑虑，他们就能做到至死也不退却。我军士卒为了轻装上阵杀敌，而舍弃了多余的财物，并非他们厌恶财物；我军士卒为了取得胜利，而不惜献出宝贵的生命，并非他们不想长寿。当作战命令下达之时，虽然那些坐着的士卒不由泪沾衣襟，躺着的士卒也禁不住泪流满面，但一旦把他们置于无路可退的境地，就都会变得像专诸、曹刿那样勇敢了。

因此善于指挥作战的将帅，能使军队自身策应，一如"率然"。所谓"率然"，是恒山地方的一种蛇，打它的头时尾巴就来救应，打它的尾巴时头又来救应，打它的腰时头尾都会来救应。试问："可以使军队像率然一样吗？"回答是："可以。"吴越两国的人虽然交恶，但当他们同船而渡遇上大风时，相互救援时也会默契得如同左右手。因此，把马匹并排绑在一起，将车轮深埋固定起来，用这样的笨办法来稳定军队、防止士卒逃散，肯定是靠不住的。全军上下，齐心奋战如同一人，在于将帅治军有方；或强或弱的士卒都能发挥最大的战斗力，在于对地形的利用得当。所以，善于用兵的将帅，能使全军士卒携手团结如同一人，是由于把士卒置于不得已的境地，严峻的形势迫使他们不得不齐心协力，相互照应。

在指挥军队的事上，将帅要做到镇静而深谋远虑，严正而有条不紊。要善于蒙蔽士卒耳目，使他们对具体作战计划一无所知；战法常变，计谋常新，使人无法识破机关；变换驻地，迂回前进，使人难以推断意图。将帅对部队下达任务要像使其攀登高处然后抽去梯子一样，断其退路。率军深入诸侯国土，要像击发弩机射出箭矢一样，一往无前。烧掉船只，砸烂饭锅，使他们义无反顾地奔赴战场；指挥士卒要像驱赶羊群一样，赶过去赶过来，使他们弄不清要到哪里去。聚集全军士卒，置其于危险境地，使他们拼死奋战，这便是将帅的职责。各种地形条件下的灵活应变，攻防进退的利害得失，部队官兵的心理状态，这些都是将帅不能不认真考察研究的。

总之，跨境作战的规律是：深入敌境，军心就会凝聚，浅入敌境，军心就易涣散。离开本国，越入敌国作战的所在地区，是绝地；四通八达的地区，是衢地；深入敌境作战的所在地区，是重地；浅入敌境作战的所在地区，是轻地；背后险要前方狭窄的地区，是围地；无处可走的地区，是死地。因此，在散地，我军要使士卒专心一致；在轻地，我军要确保营阵部署相连；遇争地，我军要催促后续部队迅速跟上；逢交地，我军要谨慎加以防守；在衢地，我军要不断巩固外交；入重地，我军要就地补充粮草；经圮地，我军要尽可能快速通过；陷入围地，我军要堵塞缺口；到了死地，我军就要显示死战的决心。士卒的心理状态是：被敌包围就会顽强抵抗，撕开一个口子；迫不得已就会拼死一战，杀出一条血路；处于危境就会自觉服从管理，绝对听从指挥。

不了解各诸侯国的企图，就不能随意结交；不熟悉山林、险阻、沼泽等地形，就不能行军作战；不使用向导带路，就不能得到地利。这几方面，有其中一方面不了解，就不能算是霸王的军队。凡是霸王的军队，攻伐大国时能使其军民来不及聚合集中；把兵威加在敌人头上，就使其不敢与别国联盟。因此，不必争着和天下诸侯结交，也不必在别国培植自己的势力，只要施展自己的计策，把威力加之于敌，就可以攻夺敌国的城邑，摧毁敌人的国都。施行超出法定的奖赏，颁布打破常规的号令，就能做到指挥全军将士时就像指挥一个人一样。指挥士卒作战，而不告诉他们作战意图；对士卒只说清有利的条件，而不指明危险的因素。把士卒投入危地才能转危为安，使士卒陷入死地反而能起死回生。把军队置于绝境，士卒们才能奋力拼杀，夺取胜利。因此领兵作战这种事，在于假装顺从敌人而查明敌人的战略意图，集中优势兵力朝一个方向发起猛攻，即使长驱千里也能出其不意擒杀敌将。这才算得上是巧妙用兵完成作战任务的将帅。

所以，决定战争行动之时，就要封锁关口，废除通行符证，禁止敌国使节往来，在庙堂上反复推敲，拟定好作战计划。一旦发现敌人有隙可乘，就要迅速攻入。首先夺取敌人所重视的战略要地，但不可轻易同敌人约定战期。既要遵守作战的规律，也要随着敌情的变化而灵活采取适宜的战术。所以，战争开始要像沉静的处女一样，不露声色，诱使敌人放松戒备。战事一旦展开，就要像逃脱的兔子一样迅速行动，使敌人根本来不及抵抗。

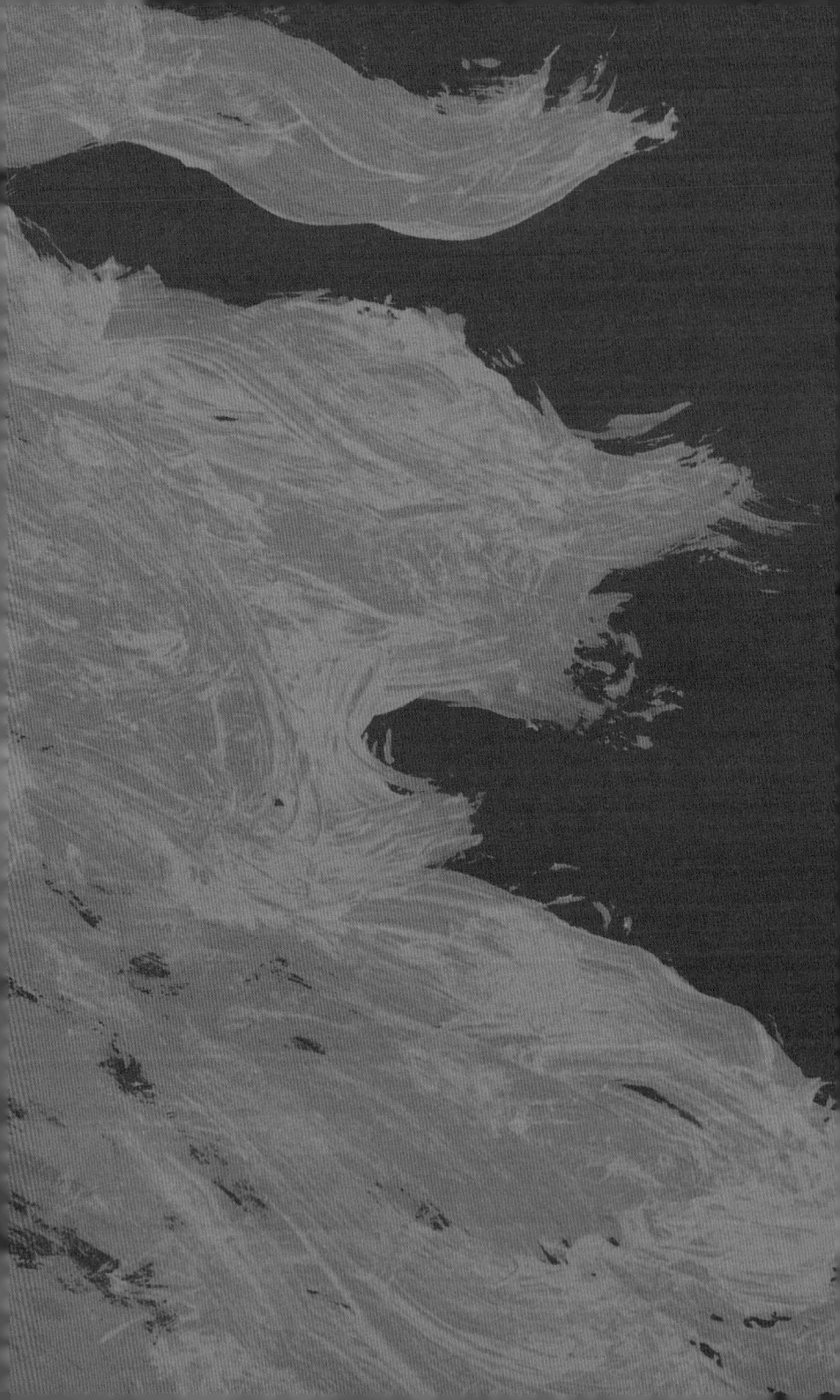

十二 火攻篇

故以火佐攻者明,以水佐攻者强。

孙子曰：凡火攻有五：一曰火人[1]，二曰火积[2]，三曰火辎[3]，四曰火库，五曰火队[4]。行火必有因，烟火必素具。发火有时，起火有日。时者，天之燥也；日者，月在箕、壁、翼、轸[5]也。凡此四宿者，风起之日也。

1 火人：意为放火焚烧敌军的人马。火，这里指放火。人，指人马。
2 积：积蓄，这里指敌军的粮草。
3 辎：辎重，包括武器、财货、生活物资等。
4 队：通"隧"，这里指敌军的粮道。
5 月在箕、壁、翼、轸：指当月亮运行经过箕、壁、翼、轸这四个星宿的日子。古代天文学家将星位分位二十八星宿，箕、壁、翼、轸，是其中的四个星宿。

凡火攻,必因五火之变而应之[1]。火发于内,则早应之于外[2]。火发兵静者,待而勿攻[3],极其火力[4],可从而从之,不可从而止。火可发于外,无待于内,以时发之[5]。火发上风[6],无攻下风。昼风久,夜风止。凡军必知有五火之变,以数守之[7]。

1 必因五火之变而应之:意为必须按照这五种火攻形式在战斗中所引起的变化采取不同战术应对。因,按照。五火之变,这里指五种火攻形式在战斗中所引起的变化。应,应对。
2 火发于内,则早应之于外:意为从敌人内部放火时,要及早从外面策应。内,指敌营内。
3 火发兵静者,待而勿攻:意为已经放了火,而敌军阵营仍保持安静,我军就要等待,不要进攻。兵,这里指敌军。
4 极其火力:加强火势。一说大火烧尽。
5 以时发之:意为选择合适的时机放火。
6 火发上风:指在上风方向放火。上风,风刮来的那一方。
7 以数守之:意为等待合适的天时、日子,实施火攻。数,这里指合适的天时、日子。

故以火佐攻者明[1]，以水佐攻者强[2]。水可以绝，不可以夺[3]。

1 以火佐攻者明：用火辅助进攻效果很明显。
2 以水佐攻者强：用水辅助进攻则势头强劲。
3 水可以绝，不可以夺：水可以阻隔敌人，却不能夺取敌人物资。

火攻

火库

夫战胜攻取，而不修其功[1]者，凶，命曰费留。故曰：明主虑之，良将修之。非利不动，非得不用，非危不战。主不可以怒而兴师，将不可以愠[2]而致战；合于利而动，不合于利而止。怒可以复喜，愠可以复悦；亡国不可以复存，死者不可以复生。故明君慎之，良将警之，此安国全军之道也。

1 不修其功：指不能巩固战果。
2 愠：怨愤。

孙子说：对敌人进行火攻的方式有五种，一是烧杀其人马，二是焚烧其粮草，三是焚烧其辎重，四是焚烧其仓库，五是焚烧其粮道。实施火攻不可随意而为，必须具备一定的起火条件，引火工具平日要有所准备。放火要看准天时，起火要选对日子。利于火攻的天时，当数气候干燥的时候。发起火攻的日子，应选在月亮运行到"箕""壁""翼""轸"这四个星宿位置之时，运行到这四个星宿的位置时，就是起风的日子，借助风力，火攻的威力更强。

　　凡用火攻，必须根据上述五种火攻引起的变化，灵活运用不同战术加以应对。从敌人内部放火时，要及早从外面策应。火已烧起，而敌军阵营仍保持安静，我军就要等待，不要进攻，应等火势变大后再视情况而定，届时觉得可攻就攻，不可攻就停止。火也可以直接从外面放，不必等待内应，只要时机成熟就可以放。在上风放火时，切忌从下风进攻，以免被大火伤及自身。白天风刮的时间久，一般到夜晚就会停止。军队必须灵活运用这五种火攻的方法，耐心等待合适的天时、日子，抓住火攻的最佳时机。

所以，用火来辅助军队进攻，效果明显；用水来辅助军队进攻，攻势强劲。但是，水可以阻隔敌人，但却让我军不能夺取敌人物资。

凡打了胜仗，攻取了土地城邑，却不能巩固胜利果实，做好战后治理，则有很大风险，这就叫作"费留"。所以说：英明的国君一定要慎重考虑这个问题，优秀的将帅一定要认真处理这个问题。于国于民不利就不要随意动武，没有十足的取胜把握就不要妄言用兵，不到危急关头就不要贸然开战。国君不可凭一时的恼怒而发动战争，将帅不可凭一时的怨愤而与敌交战。符合国家利益方可行动，不符合国家利益就停止行动。时过境迁，恼怒就可以重新转为喜悦，怨愤就可以重新转为欢欣，而国亡了却不能再存在，人死了也不能再复活。所以，对待战争问题，英明的国君一定要十分慎重，优秀的将帅一定要高度警惕，这是安定国家和保全军队的基本原则。

凡火攻有五：一曰火人，二曰火积，三曰火辎，四曰火库，五曰火队。

一三 用间篇

○昔殷之兴也，伊挚在夏；周之兴也，吕牙在殷。

孙子曰：凡兴师十万，出征千里，百姓之费[1]，公家之奉[2]，日费千金；内外骚动[3]，怠于道路[4]，不得操事[5]者，七十万家[6]。相守数年[7]，以争一日之胜，而爱爵禄百金[8]，不知敌之情者，不仁之至也，非人之将[9]也，非主之佐也，非胜之主[10]也。故明君贤将，所以动而胜人，成功出于众者，先知也。先知者，不可取于鬼神[11]，不可象于事[12]，不可验于度[13]，必取于人，知敌之情者也。

1 **百姓之费**：民众的花费。
2 **公家之奉**：国家的开支。奉，同"俸"。
3 **内外骚动**：意为全国上下、前方后方，乃至每家里里外外，动荡不安。
4 **怠于道路**：指民众疲惫于运输军需物资的路上。
5 **操事**：这里指操持农事。
6 **七十万家**：按曹操、李筌注，古代制度是一家从军，需要七家负担运输国粮等各种劳役，兴兵十万，负担自然会落到七十万户人家头上。
7 **相守数年**：指与敌军对峙数年。
8 **爱爵禄百金**：意为吝惜赏给人们以官位、俸禄和钱财。爱，这里指吝惜。
9 **非人之将**：意为不配当军队的将帅。人，人民军队。
10 **非胜之主**：意为不是胜利的主宰者。
11 **不可取于鬼神**：意为不能从求神问鬼的迷信活动中去了解敌情。
12 **不可象于事**：意为不可用类比相似事情的方法去获取敌情。象，这里指比推、类比。
13 **不可验于度**：意为不可用观察日月星辰位置的方法推断。验，验证。度，度数，这里指日月星辰的运行位置。

故用间有五：有因间，有内间，有反间，有死间，有生间。五间俱起，莫知其道[1]，是谓神纪[2]，人君之宝[3]也。因间者，因其乡人而用之[4]。内间者，因其官人而用之。反间者，因其敌间而用之。死间者，为诳事于外[5]，令吾间知之，而传于敌间也。生间者，反报[6]也。

1 莫知其道：意为敌人就捉摸不透我方用间的规律。
2 神纪：神妙莫测的方法。
3 人君之宝：意为君主在战争中用以克敌制胜的法宝。人君，国君。宝，法宝。
4 因其乡人而用之：意为利用敌国的普通人做间谍。乡人，这里指普通人，乡野之人。
5 诳事于外：在外面散布虚假情报。诳，欺骗。
6 反报：回来报告敌情。反，同"返"。

故三军之事,莫亲于间,赏莫厚于间,事莫密于间。非圣智不能用间,非仁义不能使间,非微妙不能得间之实[1]。微哉!微哉!无所不用间也。间事未发,而先闻者[2],间与所告者皆死。

[1] 非微妙不能得间之实:意为不具备精微神妙的分析判断能力,就不能得到间谍的真实情报。微妙,精细巧妙。间,间谍。实,实情。
[2] 间事未发,而先闻者:意为用间的方案尚未实施就已被人事先知道。发,施行,实施。先闻,事先知道。

凡军之所欲击,城之所欲攻,人之所欲杀,必先知其守将、左右、谒者、门者、舍人[1]之姓名,令吾间必索知之。必索[2]敌人之间来间我者,因而利之[3],导而舍之[4],故反间可得而用也。因是而知之[5],故乡间、内间可得而使也;因是而知之,故死间为诳事,可使告敌。因是而知之,故生间可使如期[6]。五间之事,主必知之,知之必在于反间[7],故反间不可不厚[8]也。

1 守将、左右、谒者、门者、舍人：守将，负责守卫的主将。左右，指守将身边的亲信侍从。谒者，负责传达通报的官员。门者，负责守门的官吏。舍人，这里指负责看守寝舍的人。
2 索：搜索，搜查。
3 因而利之：顺势给以重金收买。
4 导而舍之：指对被我方发现的敌方间谍经过收买、诱导后，给予任务，将其放回去。
5 因是而知之：指从反间那里得知敌军情报。是，指反间提供的情报。
6 生间可使如期：就可以使生间按期回来报告敌情。生间，能活着回来报告敌情的间谍。如期，按期。
7 知之必在于反间：要掌握五种间谍活动的情况，关键在于反间的使用。
8 厚：这里指优厚待遇。

昔殷[1]之兴也,伊挚[2]在夏;周[3]之兴也,吕牙[4]在殷。故惟明君贤将,能以上智为间者,必成大功。此兵之要,三军之所恃而动也。

1 殷:殷朝,殷商时期。殷朝是商朝后期的专有代称。
2 伊挚:指伊尹。伊尹辅佐商汤灭亡了夏朝。
3 周:周朝。
4 吕牙:指姜尚,又名姜子牙。吕牙辅佐周武王灭亡了商朝。

伊挚（伊尹）

吕牙（姜子牙）

孙子说：凡兴兵十万，出征千里，百姓的花费，国家的开支，每天要费去千金之巨。整个战争期间，全国上下、前方后方，乃至每家里里外外，动荡不安，民众疲惫于运输军需物资的路上，难以从事正常农耕生产的，多达七十万家。以如此高昂的代价，与敌对峙多年，无非为了争得一朝的胜利，如果吝啬爵禄和金钱，舍不得将其用来重用间谍，因不能掌握敌情而导致战争失败，这样的将帅毫无仁慈之心，这种人既不配当军队的将帅，也不配当国君的辅佐者，更不能成为胜利的主宰者。英明的国君、贤良的将帅，之所以一出兵就能战胜敌人，功业远在他人之上，就在于能够事先准确掌握敌情。而要事先准确掌握敌情，既不可用求神问鬼的迷信方法去获取，也不可用类比相似事情的方法去获取，亦不可用观察日月星辰位置的方法去获取，唯一的办法就是取之于人，取之于那些了解敌人真实情报的人。

使用间谍的方法有五种：因间，内间，反间，死间、生间。如果将五种间谍同时使用起来，敌人就捉摸不透我方用间的规律，不知道究竟是怎样泄露了军事机密。这就是神妙莫测的方法，是国君在战争中克敌制胜的法宝。所谓因间，就是指利用敌国的百姓做间谍，了解敌方的民情民意。所谓内间，就是指利用敌国的官吏做间谍，获取敌方的核心机密。所谓反间，就是指策反敌方的间谍，为我所用。所谓死间，是指故意散布虚假情报，让我方间谍知道后再传给敌人，诱使敌人上当（敌人得知自己上当后，我方间谍难免一死）。所谓生间，则是指打入敌方获得情报后，能够安全返回国内汇报敌情的间谍。

所以，在军队各类事务中，几乎没有谁能比间谍更值得将帅信任，几乎没有谁能比间谍获得更优厚的奖赏，几乎没有任何事情能比用间还要机密。不是才智非凡的人难以任用间谍，不是仁义之人难以驱使间谍，不具备精微神妙的分析判断能力的人，就难以得到间谍的真实情报。微妙啊！微妙！真是无处不可以使用间谍呀！如果用间的方案尚未实施就已泄露出去，那么间谍和接收消息的人都会被处死。

但凡要攻击某支敌军，夺取某座城池，斩杀某个人物，必须先探知敌方守城主将、主将身边的亲信侍从、负责传达通报的官员、负责守门的官吏、负责看守寝舍的人员的姓名，这些都要命令我方间谍想方设法把他们一一侦察清楚。必须查出敌方派来刺探我方情报的间谍，经过收买、诱导后，给予任务，将其放回去，这样，反间就能为我所用了。从反间那里得知敌人情报后，乡间、内间也能为我所用了。从反间那里得知敌人情报后，就可以让死间把虚假情报告诉敌人了。从反间那里得知敌人情报后，就可以让生间按期回来报告敌情了。五种间谍的使用情况，国君都必须全面掌握，其中的关键在于反间的使用，所以，对反间不可不慷慨地给予优厚待遇。

从前殷商的兴起，无疑得益于重用了曾经在夏朝的伊尹；周朝的兴起，无疑得益于重用了曾经在殷朝的姜子牙。所以，明智的国君、贤能的将帅，若能动用智慧超群的人来做间谍，必能成就大功。这是用兵作战的重要一着，整个军队都要依靠间谍提供的敌方情报来决定下一步的行动。

附录

史记·孙子吴起列传

一 孙子传

孙子武[1]者,齐[2]人也。以兵法见于吴王阖庐[4]。阖庐曰:"子[5]之十三篇[6],吾尽观之矣,可以小试[7]勒兵[8]乎?"对曰:"可。"阖庐曰:"可试以妇人乎?"曰:"可。"

1 孙子武:孙子,名武。子,古代对男子的尊称,称老师或称有道德、有学问的人。
2 齐:齐国,位于今山东省。
3 吴:吴国,在今江苏、安徽、浙江一带。
4 阖庐:指阖闾(lú),春秋末期吴国君主、军事统帅。
5 子:您。
6 十三篇:这里指《孙子兵法》十三篇。
7 小试:小加试验、考试。这里指小规模试演。
8 勒兵:指操练或指挥军队。勒,统率。

于是许之，出宫中美女，得百八十人。孙子分为二队，以王之宠姬二人各为队长，皆令持戟[1]。令之曰："汝[2]知而[3]心与左右手背乎？"妇人曰："知之。"孙子曰："前，则视心；左，视左手；右，视右手；后，即视背。"妇人曰："诺[4]。"约束[5]既布[6]，乃设铁钺[7]，即三令五申之。于是鼓之右，妇人大笑。孙子曰："约束不明，申令不熟，将之罪也。"复三令五申而鼓之左，妇人复大笑。孙子曰："约束不明，申令不熟，将之罪也；既已明而不如法者，吏士[8]之罪也。"乃欲斩左右队长。

1 戟：古代兵器，是戈和矛的合成体，在长柄的一端装有青铜或铁制成的枪尖，旁边附有月牙形锋刃。
2 汝：你。
3 而：你的。
4 诺：答应声。
5 约束：规约，这里指规定、规则。
6 布：宣告，宣布，公布。
7 铁钺：斫刀和大斧，腰斩、砍头的刑具。
8 吏士：这里指队长。

吴王从台上观，见且[1]斩爱姬，大骇。趣[2]使使[3]下令曰："寡人已知将军能用兵矣。寡人非此二姬，食不甘味，愿勿斩也。"孙子曰："臣既已受命为将，将在军，君命有所不受。"遂斩队长二人以徇[4]。用其次[5]为队长，于是复鼓之。妇人左右前后跪起皆中规矩绳墨[6]，无敢出声。

1 且：将要。
2 趣：通"促"，催促，急促，赶快。
3 使使：意为派遣从使。这里的第一个"使"字，意为派遣、支使；第二个"使"字，是指奉使命办事的人。
4 徇：迅速，敏捷，这里引申为对众宣示。
5 用其次：按次序选用下一个人。
6 皆中规矩绳墨：意为都符合要求。中，符合。规矩，画圆形和方形的两种工具。绳墨，木工打直线的墨线。规矩绳墨，比喻应当遵守的标准、法则、纪律。

于是孙子使使报王曰："兵既整齐，王可试下观之，唯王所欲用之，虽赴水火犹可也。"吴王曰："将军罢休就舍[1]，寡人不愿下观。"孙子曰："王徒[2]好[3]其言，不能用其实。"

于是阖庐知孙子能用兵，卒[4]以为将。西破强楚[5]，入郢[6]，北威[7]齐晋[8]，显名诸侯，孙子与有力焉。

1 就舍：这里指回客舍去休息。
2 徒：徒然，意为仅仅、只是。
3 好：喜爱。
4 卒：表示最终出现了某种结果，相当于"最终"，这里指终于。
5 楚：楚国，当时位于长江流域的诸侯国。
6 郢：楚国的国都，在今湖北省荆州市荆州区（古江陵）西北，今纪南城。
7 威：这里指威胁、威震。
8 晋：晋国，在今山西、河北南部一带。

孙子,名武,是齐国人。孙子带着他的兵法著作去求见吴王阖庐。阖庐对孙子说:"您的十三篇兵法,我都一一看过了,可以小规模地为我试演一下如何操练、指挥队伍吗?"孙子回答说:"可以。"阖庐问:"可以用妇女来试演吗?"孙子说:"可以。"

于是吴王允许派出宫中美女一百八十人,交给孙子。孙子把她们分成两队,用吴王宠爱的两个妃子担任队长,命令大家都拿着戟。孙子向她们下令说:"你们都知道自己的心口、左手、右手和背吗?"妇女们回答说:"知道。"孙子又说:"向前,是看自己心口所对的方向;向左,是转身看自己左手的方向;向右,是转身看自己右手的方向;向后,就是转向自己现在背对的方向。"妇女们回答说:"是。"规则宣布完了,就摆好用来行刑的斧钺,又把规则反复交代了多次。然后击鼓,指挥她们向右,妇女们却嬉笑起来。孙子说:"规则不明确,号令不熟悉,这是将帅的过错。"接着又多次讲明规定,然后击鼓命令大家向左,但妇女们又嬉笑起来。孙子说:"规则不明确,号令不熟悉,这是将帅的过错;

既然我已经反复说明，你们仍不执行命令，那就是队长的过错了。"说着就要将左右两队队长斩首。

此时吴王正在台上观看这场操练，眼见自己宠爱的两个妃子要被斩首，非常震惊，急忙派人传下命令："我现在已知道将军善于用兵了。我如果没有这两个爱姬的话，就会伤心得吃东西不辨美味，恳请不要将她们斩首。"孙子说："我既然已受您之命为将，将在军中，对国君您的命令有的就可以不接受。"于是将两个队长斩首示众。之后，选用地位在她们之下的两个人来担任新队长，重新击鼓发令，指挥大家继续演练。妇女们这回无论是向左、向右、向前、向后，还是跪下、站起，所有的动作都符合要求了，也没人敢再作声。

于是孙子派人向吴王报告说："队伍现在已经被我训练整齐，大王您可以下来观看了，任凭大王想怎样用就怎样用，哪怕让她们赴汤蹈火，也不是不可以。"吴王说："将军请结束操练，回客舍去休息吧，我不想下去观看了。"孙子说："看来大王只不过是喜爱我兵法里的那些词句罢了，并不能在实际中去运用它。"

这样，阖庐才确信孙子善于用兵，终于任命他为将军。后来，吴国向西击破强盛的楚国，攻入了楚国的都城郢，向北又威震齐、晋，吴王的名声在列国诸侯中得以显扬，孙子在其中是出了力的。

二 孙膑传

孙武既死,后百余岁有孙膑[1]。膑生阿、鄄[2]之间,膑亦孙武之后世子孙也。

1 膑:古代一种剔掉膝盖骨的酷刑。周代改膑刑为刖(yuè)刑(砍断两足)后,仍常用"膑"来指刖刑。孙膑的名字不详,因他受过刖刑,被称为"孙膑"。
2 阿、鄄:均为齐国地名。阿,在今山东省阳谷县附近。鄄,在今山东省鄄城县。

孙膑尝[1]与庞涓俱学兵法。庞涓既事魏[2]，得为惠王将军，而自以为能不及孙膑，乃阴[3]使召孙膑。膑至，庞涓恐其贤于己，疾[4]之，则以法刑断其两足[5]而黥[6]之，欲隐勿见[7]。

齐使者如[8]梁[9]，孙膑以刑徒[10]阴见，说齐使。齐使以为奇，窃载[11]与之齐[12]。

1 尝：曾经。
2 事魏：服务于魏国。
3 阴：暗中。
4 疾：同"嫉"，妒忌。
5 以法刑断其两足：依据法律对他实行刖刑，砍去他的双脚。以法刑，依据法律用刑。
6 黥：在脸上刺字并涂墨，又称"墨刑"。
7 欲隐勿见：意为想使他不能在人前露面，让他埋没于世。隐，藏匿，不显露，在这里是使动用法。见，同"现"，出现。
8 如：到，往。
9 梁：魏国迁都大梁（在今河南省开封市）后，又称为"梁"。
10 以刑徒：以受过刑的罪犯的身份。刑徒，受过刑的罪犯。
11 窃载：偷偷地载到车上。
12 与之齐：和他一起到齐国去。与，应为"与之"，这里省略了一个"之"（他）字。之，往，去。

齐将田忌善[1]而客待之[2]。忌数[3]与齐诸公子驰逐[4]重射[5]。孙子见其马足[6]不甚相远，马有上、中、下辈[7]。于是孙子谓田忌曰："君弟[8]重射，臣能令君胜。"田忌信然之[9]，与王及诸公子逐射千金。及临质[10]，孙子曰："今以君之下驷与[11]彼上驷，取君上驷与彼中驷，取君中驷与彼下驷。"既驰三辈毕，而田忌一不胜而再胜[12]，卒得王千金。于是忌进[13]孙子于威王。威王问兵法，遂以为师。

1 善：认为好，这里指认为他有才能。
2 客待之：把他当作客人对待。
3 数：屡次。
4 驰逐：竞马，即驾马比赛。
5 重射：下很重的赌注。射，打赌。
6 马足：这里指马的足力。
7 辈：等，等级。
8 弟：同"第"，但，这里意为只管、尽管。
9 信然之：这里指相信他，认为他的话对。然，对，是。
10 临质：指临比赛的时候。质，评判，这里指比赛。
11 与：这里指对付。
12 再胜：胜出两次。
13 进：进荐，推荐。

其后魏伐赵,赵急,请救于齐。齐威王欲将¹孙膑,膑辞谢²曰:"刑余之人³不可。"于是乃以田忌为将,而孙子为师,居辎车⁴中,坐为计谋。

1 欲将:这里指意齐威王想以孙膑为主将。将,将军,主将,这里作动词用。
2 辞谢:婉言谢绝。
3 刑余之人:受过刑的人。
4 辎车:外面罩有车篷、布帘的车。

田忌欲引兵之赵,孙子曰:"夫解杂乱纷纠者不控卷[1],救斗者不搏撠[2],批亢捣虚[3],形格势禁[4],则自为解耳[5]。今梁赵相攻,轻兵锐卒必竭于外[6],老弱罢[7]于内。君不若引兵疾走[8]大梁[9],据其街路[10],冲其方虚[11],彼必释赵而自救。是我一举解赵之围而收獘于魏[12]也。"田忌从之,魏果去邯郸[13],与齐战于桂陵[14],大破梁军。

后十三岁,魏与赵攻韩,韩告急于齐。齐使田忌将而往,直走大梁。魏将庞涓闻之,去韩而归,齐军既已过而西矣。孙子谓田忌曰:"彼三晋之兵[15]素悍勇而轻齐,齐号为怯[16],善战者因其势而利导之。兵法,百里而趣利者蹶上将,五十里而趣利者军半至[17]。"使齐军入魏地为十万灶,明日为五万灶,又明日为三万灶。"

1 解杂乱纷纠者不控卷：意为解乱丝的人，不能紧握双拳生拉硬扯。杂乱纷纠，指杂乱缠绕在一起的乱丝。控，攥紧，拉。卷，通"拳"，拳头。
2 救斗者不搏撠：意为劝解斗殴的人时，不能对双方相持很紧的地方胡乱搏击。斗，同"斗"。撠，弯起胳膊去拉住东西，这里指打架的人互相揪住。
3 批亢捣虚：比喻抓住敌人的要害乘虚而入。批，击。亢，咽喉，比如要害。捣，攻击。虚，空虚。
4 形格势禁：指受形势的阻碍或限制，事情难以进行。格，阻碍，限制。
5 自为解耳：危局就自行解除了。解，解散，解除。耳，语气助词。
6 必竭于外：意为必定全部集中在国外。竭，尽。外，国外。
7 罢：通"疲"。
8 走：趋向，奔向。
9 大梁：魏（梁）国的都城，在今河南省开封市西北。
10 街路：道路，街道，这里指交通要道。
11 方虚：正当空虚之处。
12 收弊于魏：意为对魏可以收到使它自行挫败的效果。弊，通"弊"，衰落，疲惫，这里指力量削弱、挫败。
13 邯郸：赵的国都，在今河北省邯郸市。
14 桂陵：一说在今山东省菏泽市东北，一说在今河南省长垣市西北。
15 三晋之兵：这里指魏军。三晋，赵、魏、韩三国的合称，赵、魏、韩由晋国分割而成。
16 号为怯：被称为胆怯的。
17 百里而趣利者蹶上将，五十里而趣利者军半至：这两句见《孙子兵法·军争篇》，文字略有不同，原句为"五十里而争利，则蹶上将军，其法半至；三十里而争利，则三分之二至"。趣，同"趋"。

史记·孙子吴起列传

庞涓行三日,大喜,曰:"我固知齐军怯,入吾地三日,士卒亡者过半矣。"乃弃其步军,与其轻锐¹倍日并行²逐之。

孙子度其行³,暮当至马陵⁴。马陵道陕⁵,而旁多阻隘,可伏兵,乃斫大树白而书之⁶曰"庞涓死于此树之下"。于是令齐军善射者万弩⁷,夹道而伏,期⁸曰"暮见火举而俱发⁹"。

1 轻锐:轻捷精锐的士卒。
2 倍日并行:一天赶两天的路程,指日夜兼程。
3 度其行:估算其行程。度,推测,估计。行,路程。
4 马陵:马陵的具体地点有争议,大多认为在今山东省莘(shēn)县。
5 陕:同"狭"。
6 斫大树白而书之:意为把大树的树皮砍掉,在露出的白木上写字。斫,砍。斫大树白,把大树砍白了,指把树皮砍掉,露出白色木质。书,写。
7 善射者万弩:善射箭的弓弩手一万人。
8 期:约,约定。
9 发:发射,这里指射箭。

庞涓果夜至斫木下，见白书[1]，乃钻火烛之[2]。读其书未毕，齐军万弩俱发，魏军大乱相失[3]。庞涓自知智穷兵败，乃自刭[4]，曰："遂成竖子之名！"齐因乘胜尽破其军，虏魏太子申[5]以归。孙膑以此名显天下，世传其兵法。

1 见白书：看到白木上的字。书，字。
2 钻火烛之：意为点火把照看。钻火，钻木取火，泛指生火。烛，照亮，照见。
3 相失：这里指彼此失去联系、照应。
4 自刭：这里指自刎。一说庞涓并非自刎，而是被乱箭射杀。刭，砍头，割颈。
5 太子申：魏申，魏惠王的太子。马陵之役中，魏国以其为上将军。

　　孙武死后,过了一百多年又出了个孙膑。孙膑出生在阿、鄄一带,也是孙武的后代子孙。

　　孙膑曾经与庞涓一起学习过兵法。庞涓已服务于魏国,成为魏惠王的将军,但他自认为才能不如孙膑,便暗中派人将孙膑请来。孙膑到了魏国,庞涓害怕他比自己贤能,对他心生妒忌,就捏造罪名,依据法律对孙膑实行刖刑,砍去了他的双脚,而且在他脸上刺字并涂墨,想使他以后再也不能在人前露面,埋没于世。

　　齐国的使者来到魏国都城大梁,孙膑以受过刑的罪犯的身份前去秘密会见,进行游说。齐使者觉得孙膑是个奇才,就悄悄用车把他载到了齐国。

　　齐国的将军田忌,也很赏识孙膑的才能,把他当作客人一样礼待。田忌经常与齐国诸公子赛马,并下很重的赌注。孙膑发现他们的马的脚力都相差不大,比赛的马有上、中、下三个等级。于是孙膑就对田忌说:"您只管下大的赌注,我保证能让您获胜。"田忌认为他的话可信,就跟齐王和诸公子比赛，以千金为赌注。比赛即将开始，孙膑说："现在请用您下等的马来对付他们上等的马，用您上等的马来对付他们中等的马，用您中等的马来对付他们下等的马。"就这样，三场比赛下来，田忌虽然输了一场，但却胜了两场，最终赢到了齐王的千金赌注。于是田忌把孙膑推荐给齐威王。威王向孙膑请教兵法后，就把孙膑当作老师。

后来魏国攻打赵国，赵国危急，求救于齐国。齐威王想让孙膑做主将，孙膑婉言谢绝说："我是一个受过刑罚的人，不能担任主将。"齐威王于是任命田忌做主将，孙膑做军师，坐在带篷帐的车里出谋划策。

田忌想带救兵直奔赵国，孙膑则认为："想解开杂乱缠绕在一起的乱丝，不能紧握双拳生拉硬扯，劝解斗殴的人时，不能对双方相持很紧的地方胡乱搏击，只要抓住争斗者的要害，冲击他们的空虚之处，就会阻碍争斗的形势，危局也就自行解除了。如今魏赵两国相互攻打，魏国的轻装精锐部队必定全都集中在国外，老弱残兵定然留在国内。您不如率军火速挺进魏国的都城大梁，占据大梁的交通要道，攻击它正当空虚之处，魏国就肯定会放弃攻打赵国，而回师自救。如此一来，我们既一举解救了赵国之围，又可收到使魏国自行挫败的效果。"田忌听从了孙膑的这一计谋。魏军果然撤离赵国的都城邯郸回国，在桂陵与齐军交战，魏军被打得大败。

　　之后又过了十三年，魏国和赵国一起攻打韩国，韩国向齐国告急求援。齐国派田忌带兵前去支援，直奔大梁。魏将庞涓听到消息后，就立即率军撤离韩国赶回魏国，但齐军这时已经越过魏国国界向西深入挺进了。孙膑对田忌说："那魏军向来强悍勇猛，看不起我们齐国，齐军也被称为胆小的军队，善战的将领要根据这一情势，把战争朝着对自己有利的一面加以引导。《孙子兵法》上说过，每天急行军百里去与敌军争利，会使自己的大将受挫，每天急行军五十里去与敌军争利，就只有一半士兵能按时到达。现在要命令齐军进入魏国境内后先设十万个灶，过一天就减为五万个灶，再过一天就减为三万个灶，造成逐日减灶、逐日逃亡的假象。"

　　庞涓在齐军后面追了三天，被假象蒙蔽，非常高兴地说："我本来就知道齐军都是些胆小鬼，但没想到他们侵入我国境内才三天，士卒就已逃跑了一大半。"于是庞涓就丢下了他的步兵，只率领轻装精锐的骑兵，日夜兼程地去追击齐军。

　　此时孙膑正在估算着庞涓的行程，料定天黑时他应当赶到马陵。孙膑见马陵道路狭窄，两旁地形险要，可以埋伏军队，就令人砍去路边大树的树皮，露出白木，并在上面写了"庞涓死于此树之下"。然后命令一万名善于射箭的弓弩手,埋伏在马陵道的两旁,约定说:"天黑后看见点着的火把,大家就一齐射箭。"

果然不出孙膑所料,庞涓在当晚赶到了被砍去树皮的大树下,见到白木上写着字,就点起火把照看,还没等他把字读完,齐军的伏兵就已万箭齐发,魏军瞬间大乱,彼此失去照应。庞涓面对兵败,自知再无回天之力,就拔剑自刎,临死说:"倒成就了这小子的名声!"齐军乘胜追击,彻底击溃了魏军,俘虏了魏国的太子申,押回齐国。孙膑因了这一战名扬天下,后世流传着他的兵法。

三 吴起传

吴起者,卫人也,好用兵。尝学于曾子,事鲁君。齐人攻鲁,鲁欲将吴起,吴起取[1]齐女为妻,而鲁疑之。吴起于是欲就名[2],遂杀其妻,以明不与齐[3]也。鲁卒以为将。将[4]而攻齐,大破之。

1 取:同"娶"。
2 就名:成就功名。
3 不与齐:不亲附齐国。与,这里指亲附。
4 将:率领,这里指率领军队。

鲁人或¹恶²吴起曰："起之为人，猜忍³人也。其少时，家累千金，游仕⁴不遂⁵，遂破其家，乡党⁶笑之，吴起杀其谤己者三十余人，而东出卫郭门⁷。与其母诀，啮臂而盟⁸曰：'起不为卿相，不复入卫。'遂事曾子。居顷之⁹，其母死，起终不归。曾子薄¹⁰之，而与起绝¹¹。起乃之鲁，学兵法以事鲁君。鲁君疑之，起杀妻以求将。夫鲁小国，而有战胜之名，则诸侯图鲁矣。且鲁卫兄弟之国¹²也，而君用起，则是弃卫。"鲁君疑之，谢¹³吴起。

1 或：某人，有的人。
2 恶：诋毁。
3 猜忍：疑忌残忍。
4 游仕：外出求官。
5 遂：成功。
6 乡党：同乡，乡亲。古代五百家为党，一万两千五百家为乡。
7 郭门：外城的门。郭，外城。
8 啮臂而盟：咬胳膊发誓。啮，咬。盟，发，这里指发誓。
9 居顷之：过了不久。居，过了。顷之，一会儿，不久。
10 薄：看不起。
11 绝：断，这里指断绝关系。
12 鲁卫兄弟之国：鲁卫两国都是姬姓诸侯国，因此称为兄弟之国。
13 谢：辞去，辞退。

吴起于是闻魏文侯贤,欲事之。文侯问李克曰:"吴起何如人哉?"李克曰:"起贪而好色,然用兵司马穰苴[1]不能过也。"于是魏文侯以为将,击秦,拔五城。

[1] 司马穰苴:田穰苴,又称司马穰苴,春秋末期齐国人,著名军事家。

起之为将，与士卒最下者同衣食。卧不设席，行不骑乘，亲裹赢粮[1]，与士卒分劳苦。卒有病疽[2]者，起为吮之。卒母闻而哭之。人曰："子卒也，而将军自吮其疽，何哭为？"母曰："非然也。往年吴公吮其父，其父战不旋踵[3]，遂死于敌。吴公今又吮其子，妾不知其死所矣。是以哭之。"

1 赢粮：担负粮食，引申为携带粮食。赢，背负。
2 病疽：患毒疮病。
3 战不旋踵：指作战时从不向后转脚跟，只顾勇往直前。旋，旋转。踵，脚跟。

文侯以吴起善用兵,廉平[1],尽能得士心,乃以为西河守[2],以拒秦、韩。

魏文侯既卒,起事其子武侯。武侯浮西河而下[3],中流,顾而谓吴起曰:"美哉乎山河之固,此魏国之宝也!"起对曰:"在德不在险[4]。昔三苗[5]氏左洞庭,右彭蠡,德义不修[6],禹[7]灭之。夏桀[8]之居,左河济[9],右泰华[10],伊阙[11]在其南,羊肠[12]在其北,修政不仁,汤[13]放[14]之。殷纣[15]之国,左孟门,右太行,常山[16]在其北,大河[17]经其南,修政不德,武王[18]杀之。由此观之,在德不在险。若君不修德,舟中之人尽为敌国[19]也。"武侯曰:"善[20]。"

1 廉平：清廉公平。
2 守：郡守。
3 浮西河而下：指从黄河泛舟，顺流而下。浮，泛舟。西河，指今山西、陕西间南北流向的那一段黄河。
4 在德不在险：在于德政，而不在于山川的险固。
5 三苗：中国上古传说中黄帝至尧舜禹时代的部落名，主要分布在洞庭湖（今湖南省北部）和彭蠡湖（今江西省鄱阳湖）之间。
6 德义不修：不施德政，不讲信义。
7 禹：禹是夏朝的第一位天子，因此后人也称他为夏禹。他是中国古代传说时代与伏羲、黄帝比肩的贤圣帝王。
8 夏桀：夏朝末代君主，谥号桀，史称夏桀，是历史上有名的暴君。
9 河济：黄河、济水。
10 泰华：泰山、华山。
11 伊阙：伊阙山，即河南洛阳的龙门山。
12 羊肠：羊肠坂（bǎn），在豫西北与晋东南接壤的南太行山中。
13 汤：商汤，商朝开国君主。
14 放：驱逐，放逐。
15 殷纣：殷纣王，商代最后一位君主，是历史上有名的暴君。
16 常山：恒山。
17 大河：特指黄河。
18 武王：这里指周武王，西周王朝的开国君主。
19 敌国：这里指仇敌。
20 善：好，这里指讲得好。

吴起为西河守，甚有声名。魏置相，相田文。吴起不悦，谓田文曰："请与子论功，可乎？"田文曰："可。"起曰："将三军，使士卒乐死，敌国不敢谋，子孰与起[1]？"文曰："不如子。"起曰："治百官，亲万民，实府库，子孰与起？"文曰："不如子。"起曰："守西河而秦兵不敢东乡[2]，韩赵宾从[3]，子孰与起？"文曰："不如子。"起曰："此三者，子皆出吾下，而位加[4]吾上，何也？"文曰："主少国疑[5]，大臣未附，百姓不信，方是之时，属[6]之于子乎？属之于我乎？"起默然良久，曰："属之子矣。"文曰："此乃吾所以居子之上也。"吴起乃自知弗如田文。

1 子孰与起：意为您跟我吴起比，谁更好？子，您。孰与，比对方怎么样，表示疑问语气。起，吴起。
2 不敢东乡：指不敢向东侵犯。乡，同"向"。
3 宾从：服从，归顺。
4 加：这里指高居、高在。
5 主少国疑：意为君主年幼初立，人心疑惧不安。国，这里指国人。
6 属：同"嘱"，托付。

田文既死，公叔为相，尚[1]魏公主，而害[2]吴起。公叔之仆曰："起易去也。"公叔曰："奈何？"其仆曰："吴起为人节廉而自喜名[3]也。君因先与武侯言曰：'夫吴起贤人也，而侯之国小，又与强秦壤界[4]，臣窃恐起之无留心也。'武侯即曰：'奈何？'君因谓武侯曰：'试延以公主[5]，起有留心则必受之，无留心则必辞矣。以此卜[6]之。'君因召吴起而与归，即令公主怒而轻君。吴起见公主之贱[7]君也，则必辞。"于是吴起见公主之贱魏相，果辞魏武侯。武侯疑之而弗信也。吴起惧得罪，遂去，即之楚。

1 尚：仰攀婚姻。古代臣娶君之女叫尚。
2 害：害怕。
3 节廉而自喜名：意为严正不贪而又好名誉声望。节廉，严正不贪。
4 壤界：交界。
5 试延以公主：这里指用请吴起娶魏国公主的办法来邀请他，试探他。延，聘请，邀请。
6 卜：验证，证实。
7 贱：轻视，瞧不起。

楚悼王素闻起贤,至则相楚。明法审令[1],捐不急之官[2],废公族疏远者[3],以抚养战斗之士。要[4]在强兵,破驰说之言纵横者[5]。于是南平百越;北并陈蔡,却[6]三晋;西伐秦。诸侯患楚之强,故楚之贵戚[7]尽欲害吴起。及悼王死,宗室[8]大臣作乱而攻吴起,吴起走之王尸而伏之[9]。击起之徒因射刺吴起,并中悼王。悼王既葬,太子立,乃使令尹尽诛射吴起而并中王尸者。坐[10]射起而夷宗[11]死者七十余家。

1 明法审令：意为申明法令，依法办事，令出必行。审，察。
2 捐不急之官：意为裁减无关紧要的冗员。捐，舍弃，抛弃，这里指淘汰、裁减。
3 废公族疏远者：意为把疏远的王族成员的按例供给停止。废，停止。公族，诸侯或君王的同族。
4 要：这里意为致力于。
5 破驰说之言纵横者：意为摒弃那些到处奔走宣扬合纵连横的说客。破，破除，引申为摒弃。驰说，游说。
6 却：使对方退却，打退。
7 故楚之贵戚：楚国的旧贵族，指以往被吴起停止供给的疏远贵族。
8 宗室：帝王的宗族。
9 走之王尸而伏之：意为逃到楚王尸体旁并趴在他上面。伏，趴。
10 坐：因。
11 夷宗：灭族。

太史公曰：世俗所称师旅[1]，皆道《孙子》十三篇，吴起《兵法》，世多有，故弗论，论其行事所施设[2]者。语曰："能行之者未必能言，能言之者未必能行。"孙子筹策[3]庞涓明矣，然不能蚤救患于被刑[4]。吴起说武侯以形势不如德，然行之于楚，以刻暴少恩[5]亡其躯。悲夫！

1 师旅：代指军队，这里指军事、战争。师、旅为军队编制，古代以两千五百人为师，五百人为旅。
2 施设：实施，实行。
3 筹策：谋划，算计。
4 然不能蚤救患于被刑：意为却不能预先避免砍断双足的酷刑。蚤，通"早"。
5 刻暴少恩：刻毒暴戾，少施恩惠。

吴起,是卫国人,善于带兵打仗。他曾经向曾子求学,侍奉鲁国国君。齐国的军队进攻鲁国时,鲁君想任用吴起做将军,但因吴起娶了齐国女子为妻,鲁君对吴起还是有所猜疑,放心不下。吴起一心想成就功名,就杀死自己的妻子,以示他并不亲附齐国。鲁君最终任命吴起为将军,领兵攻打齐国,把齐军打得大败。

鲁国就有人诋毁吴起说:"吴起为人残忍。他年轻的时候,家里的积蓄足有千金之多,在外求官未成,将家产也败尽,乡亲们笑话他,吴起杀掉了三十多个笑话他的人,然后从卫国的东城门逃走了。他和母亲诀别的时候,咬着自己的胳膊发誓:'我吴起不做卿相,就绝不回卫国!'于是他就拜曾子为师,给曾子做事。过了不久,吴起的母亲死了,他最终也没有赶回去。曾子于是就看不起他,并和他断绝了关系。吴起于是来到鲁国,学习兵法来侍奉鲁君。鲁君怀疑他亲附齐国,吴起就杀掉自己的齐国妻子表明心迹,用来谋求将军的职位。鲁国只是一个小国,却有了战胜大国的名声,那么各诸侯国就要防备和图谋鲁国了。何况鲁卫两国是兄弟之国，吴起在卫国犯了罪逃到鲁国，鲁君要是重用吴起，那就等于抛弃了卫国。"鲁君就对吴起又产生了疑虑，辞退了吴起。

吴起这时听说魏国的文侯贤明，就想去侍奉他。魏文侯问李克："吴起是什么样的人啊？"李克回答说："吴起贪心，而且好色，但要论带兵打仗，就连司马穰苴也超不过他。"于是魏文侯任命吴起为将军，让他带兵攻打秦国，夺取了五座城池。

吴起虽然做了将军，但却和最下等的士卒穿同样的衣服，吃同样的伙食，睡觉也不铺褥席，行军也不乘马车，还亲自背负着捆扎好的粮食，与士卒分担劳苦。有个士卒长了毒疮，吴起就替他把疮里的脓吸出来。这个士卒的母亲听说此事后，就哭了起来，有人不解地问："你儿子只是一个无名小卒，将军却亲自替他吸脓，你怎么还哭呢？"那位母亲回答说："你不知道啊，以前吴公也为孩子的父亲吸过脓，因此孩子他父亲作战时从不向后转脚跟，只顾勇往直前，最后死在了敌人手里。如今吴公又替他的孩子吸脓，我不知道孩子将会战死在哪个地方了。因此我才哭他啊。"

魏文侯见吴起果然善于用兵，而且为人清廉公平，能得到所有兵士的一致拥戴，于是就任命吴起为西河郡守，来抵御秦国、韩国的入侵。

魏文侯死后,吴起接着侍奉他的儿子魏武侯。魏武侯从黄河泛舟,顺流而下,中途,魏武侯环顾四周,告诉吴起说:"多美呀!坚固的山川,这是我们魏国的瑰宝啊!"吴起回答说:"国家的长治久安,在于德政,而不在于山川的险固。从前的三苗氏,左临洞庭湖,右濒彭蠡泽,因其不修德行,不讲信义,所以夏禹能灭掉它。夏桀的领土,左傍滔滔黄河、济水,右依巍巍泰山、华山,伊阙山盘踞在它南边,羊肠坂蜿蜒在它北边,也因为他不施仁政,所以商汤就放逐了他。商纣王的国土,左有孟门山,右有太行山,恒山屹立在它的北面,黄河流经于它的南边,可是他治理国家时也不实行德政,所以周武王杀死了他。由此看来,国家的长治久安,确实在于德政,而不在山川的险固。如果国君不施恩德,即使我们这些同舟共济的人,也会成为仇敌啊。"魏武侯说:"讲得好!"

吴起做西河郡守时,拥有很高的声望。魏国这时设置相位,没用吴起,而以田文为国相。吴起就很不高兴,对田文说:"请允许我和您比一比功劳,可以吗?"田文说:"可以。"吴起说:"统率三军,让士卒甘愿为国捐躯,让敌国不敢图谋我国,您和我比,谁好?"田文说:"不如您。"吴起说:"管理文武百官,让万民无不亲附,充实府库的储备,您和我比,谁行?"田文说:"不如您。"吴起说:"扼守西河而秦军不敢向东来犯,韩赵两国也服从归顺,您和我比,谁能？"田文说："不如您。"吴起说："既然这几方面您都不如我,那您的职位却在我之上,这又是何道理？"田文说："君主年少初立,国人疑惧不安,大臣还未归心王室,百姓也不信任朝廷,正处在这种时候,政事大权是应托付给您呢？还是该托付给我？"吴起沉默了很久,说："当然应该托付给您了。"田文说："这正是我位居您之上的原因啊。"吴起这才明白自己确实不如田文。

  田文死后,公叔出任国相,娶了魏国的公主,却畏忌吴起。公叔的仆人说："赶走吴起不难。"公叔问："那应该怎么办？"那个仆人说："吴起为人严正不贪而又好名誉声望,您可找机会先对武侯说：'吴起是个贤能的人,而您的国土太小了,又和强大的秦国接壤,我私下担心吴起没有留魏之心。'武侯就会问您：'那该怎么办呢？'您就趁机对武侯说：'请用下嫁公主的办法来试探一下他,如果吴起真有留魏之心,那他就肯定会答应娶公主的,如果他没有留魏之心,那他肯定会推辞。用这个办法,可以验证他到底有没有留魏之心。'您找个机会请吴起一同回家,故意让公主发怒而当面鄙视您,吴起见公主这般蔑视您,那就肯定不会娶公主了。"就这样,吴起见到公主如此蔑视国相,果然婉言谢绝了魏武侯。魏武侯因此怀疑吴起,不敢再信任他。吴起害怕因此获罪,于是离开魏国,当即就到楚国去了。

楚悼王早就听说吴起贤能，吴起一到楚国就让他当了国相。吴起申明法令，依法办事，令出必行，裁减了一些无关紧要的冗员，停发了对那些疏远王族的按例供给，用来供养作战的将士。他致力于强兵备战，摒弃了那些到处奔走宣扬合纵连横的说客。于是向南平定了百越；向北吞并了陈国和蔡国，打退了韩、赵、魏三国的进攻；向西又讨伐了秦国。诸侯各国对楚国的强大，无不感到忧虑。以往那些被吴起停止供给的疏远王族，也想报仇，谋害吴起。等到悼公一死，王室大臣们制造叛乱，攻打吴起，吴起逃到楚王尸体旁并趴在上面。攻击吴起的人因为射杀吴起，也射中了楚悼王的尸体。楚悼王安葬后，太子即位，于是命令令尹把那些射杀吴起时一并射中悼王尸体的人，全部诛杀。因为射杀吴起而被灭族的有七十多家。

太史公说：世上的人谈起行军打仗，都要称赞《孙子兵法》十三篇和吴起《兵法》的高妙，这样说的人太多了，所以在这里不评价兵法，只评论他们在生平行事中的所作所为。俗话说："能做的未必能说，能说的未必能做。"孙膑算计庞涓的决策无疑是英明的，但他自己却未能预先避免被砍去双足的酷刑。吴起给魏文侯讲过凭借山河的险固不如施行仁政的道理，但他在楚国为相，却因刻毒暴戾、少施恩惠而葬送了自己的生命。可悲啊！

译 者 | 马萧萧

知名军旅作家、《西北军事文学》主编。

出版诗集、散文集、长篇纪实文学等二十余部,广受读者好评。

曾获首届中国人民解放军出版奖、第九届解放军优秀文艺作品奖等奖项和荣誉。

潜心研究《孙子兵法》二十余年,全译全注《孙子兵法》,帮助读者更好理解原意,成功入选"作家榜经典名著"。2021年12月首版上市,靠读者口碑相传持续热销,迄今总印量突破15万册。

作家榜®经典名著

读经典名著，认准作家榜

作家榜是中国知名文化品牌，母公司大星文化总部位于中国上海市。自2006年创立至今，作家榜始终致力于"推广全球经典，促进全民阅读"，曾连续13年发布作家富豪榜系列榜单，源源不断将不同领域的写作者推向公众视野，引发海内外媒体对华语文学的空前关注。

旗下图书品牌"作家榜经典名著"，精选经典中的经典，由优秀诗人、作家、学者参与翻译，世界各地艺术家、插画师参与插图创作，策划发行了数百部有口皆碑、畅销全网的中外名著，成功助力无数中国家庭爱上阅读。如今，"集齐作家榜经典名著"已成为越来越多阅读爱好者的共同心愿。

作家榜除了让经典名著图书在新一代读者中流行起来，2023年还推出了备受青睐的"作家榜文创"系列产品，通过持续创新让经典名著IP融入到人们的日常生活中。

名著就读作家榜
京东官方旗舰店

名著就读作家榜
天猫官方旗舰店

名著就读作家榜
当当官方旗舰店

名著就读作家榜
拼多多旗舰店

| 策 划 | 作家榜 |
| 出 品 | |

出 品 人	吴怀尧
产品经理	王涵越
美术编辑	李孝红　刘　洋
内文插图	陈菲菲
封面设计	邵　飞　林　青
封面绘图	陈菲菲
特约印制	吴怀舜

| 版权所有 | 大星文化 |
| 官方电话 | 021-60839180 |

名著就读作家榜
抖音扫码关注我

作家榜官方微博
经典好书免费送

下载好芳法课堂
跟着王芳学知识

图书在版编目（CIP）数据

孙子兵法 /(春秋) 孙武著；马萧萧译注. -- 杭州：
浙江文艺出版社, 2021.12（2024.12重印）
（作家榜经典名著）
ISBN 978-7-5339-6685-0

Ⅰ. ①孙… Ⅱ. ①孙… ②马… Ⅲ. ①兵法—中国—
春秋时代②《孙子兵法》—译文 Ⅳ. ①B892.25

中国版本图书馆CIP数据核字(2021)第233570号

责任编辑：周琼华

"作家榜"及其相关品牌标识是大星文化已注册
或注册中的商标。未经许可，不得擅用，侵权必究。

孙子兵法

[春秋] 孙武 著　马萧萧 译注

全案策划
大星（上海）文化传媒有限公司

出版发行
浙江文艺出版社
杭州市环城北路177号　邮编 310003
浙江省新华书店集团有限公司 经销
浙江新华数码印务有限公司 印刷

2021年12月第1版　2024年12月第12次印刷
889毫米×1194毫米　32开本　8印张
印数：155001－161000　字数：132千字
书号：ISBN 978-7-5339-6685-0
定价：49.90元

版权所有　侵权必究
（如有印装质量问题影响阅读，请联系021-60839180调换）